# 宇宙はなぜこのような宇宙なのか

## 人間原理と宇宙論

青木 薫

講談社現代新書

2219

# まえがき

二十世紀のなかば、宇宙論の分野に「人間原理」というとんでもない考え方が登場した。とんでもないというのは少しも大袈裟ではない。なにしろ人間原理は次のようなことを主張していたからである。

「宇宙がなぜこのような宇宙であるのかを理解するためには、われわれ人間が現に存在しているという事実を考慮に入れなければならない」

たしかに、もしも宇宙がこのような宇宙でなかったとしたら、われわれ人間は存在しなかっただろう。地球も太陽も存在しなかっただろうし、銀河系も存在しなかっただろう。しかし、だからどうだというのだろう？　そこから何か生産的なことがひとつでも出てくるのだろうか？　人間原理はとても無意味なことを言っているように思われた。

さらに悪いことに、人間原理は露骨に人間中心主義的だった。なぜ人間なのだろうか？　いったい人間のどういったところが、それほど特別だというのだろう？

人間を特別扱いするのは、宗教的な世界観ではごく普通のことである。そのため人間原理は、単に無意味であるどころか、次のような意味を含んでいることが疑われたのである。「神は存在する。神はこの宇宙を、いずれ人間が登場できるように創造したのである」と。

近代科学は、神という超自然的なものを持ち出さずにこの世界を理解しようと、長い道のりを歩んできたのではなかったのだろうか？　かつて人びとは、「宇宙がこうなっているのは、神がこのようにお作りになったからだ」と、何かにつけて神を持ち出して納得するしかなかったが、科学はそういう論法から、一歩一歩脱却してきたのではなかったのだろうか？

いまさら神など持ち出さなくても、宇宙がこのような宇宙である理由は、いずれ細部まですっかり説明できるに決まっている、というのが大方の反応だった。とくにキリスト教文化圏の科学者たちは、科学に宗教的な考えが入り込んでくるのをつねづね強く警戒しているので、人間原理の登場には激しい拒否反応を示した。人間原理を蛇蝎《だかつ》のごとく嫌う科学者は多かったし、そういう人たちにとって人間原理――Anthropic Principle――は、口にするもおぞましい「A-Word」だった。じつを言えば、かつてわたしの人間原理への反応にも、それに近いものがあった。

わたしは一九七五年に京都大学理学部に入学し、大学院は、宇宙、原子核、素粒子を扱う物理学第二教室に進み、原子核理論で博士号を取得してからまもなく翻訳を志し、それから四半世紀にわたり、ポピュラーサイエンスから物理学の専門書にわたる領域で出版翻訳に携わってきた。そんなわけで、高校生のころから数えればかれこれ四十年近く、つかず離れずの位置から宇宙論の動向をウォッチングしてきたことになる。

そんなわたしが人間原理の考え方をはじめて知ったのは、もうだいぶ前のことで、それがいつだったかを正確に思い出すことはできない。しかし、自分の反応がはっきりと否定的なものだったことは、今も鮮明に覚えている。そのころのわたしにとって人間原理は、無内容で非生産的な、宗教的な願望にまみれたトートロジーのように思われたのである――人間が現に存在しているこの宇宙が、人間が存在できるような宇宙だからといって、だからどうだというのだろう?

宗教ならなんでも悪いというわけではないけれど、科学に宗教的な期待が紛れ込んでくると、論理の飛躍が起こりやすくなるのが気がかりだった。人間原理の考え方に接し、わたしと同じように感じた人は多かったにちがいない。

ところがその後わたしは、著名なイギリスの天文学者マーティン・リースの、『わたしたちの宇宙環境（*Our cosmic habitat*）』という本を翻訳するというお仕事の打診をうけた（講談社ブルーバックス：邦題『宇宙の素顔』)。マーティン・リースは、「ミスター人間原理」と呼べそうな科学者のひとりである。近年、科学界では人間原理をめぐる潮流が大きく変わったのだが、その変化に彼が果たした役割は大きい。人間原理をテーマとする重要な国際会議のオーガナイザーとして活躍したのに加え、リース自身、人間原理を積極的に支持する立場から論文や著作を発表している。

当時、そんなことはまったく知らなかったわたしは、その本のテーマが人間原理だと知って、正直、「うわぁ、いやだなぁ」と、二、三歩あとずさるような気持ちだった。しかし、とりあえず原書をざっと通読してみると、そこには信仰に根ざしたような動機はまったく見られなかったばかりか、どうやらこの宇宙の仕組みを理解するためには、人間原理を毛嫌いしてばかりもいられないのかもしれない、と思うようになったのである。なにより、もしも人間原理の考え方が有効なら、物理学にとって甚大な影響があるはずだ。そうだとすれば、なんとなく気持ちの悪い考え方だからといって、よく知りもせず無視してすませられる問題ではないだろう、と考えたのである。

要するに、わたしはリースの著書に接して、「人間原理、毛嫌い派」から、「人間原理、要検討派」に転向したのだった。

しかしそれはなにも、わたしが信仰に目覚めたとか、自然を理解するにも人間の特権性を考慮しなければならないと考えるようになった、とかいうことではない。じつは二十一世紀に入った今、人間原理を支持する科学者は急増しているのだが、そういう人たちも、突然信仰に目覚めたり、人間中心主義者になったりしたわけではない。

では、いったい何が変わったのだろうか？

そして、なぜ変わったのだろうか？

本書の目的のひとつは、人間原理とはじっさいどんな考え方なのかを明らかにすることである。二つ目の目的として、なぜそんな考え方が生まれたのかを、これまでの宇宙観の変遷を背景に描き出してみたい。そして三つ目、最後の目的は、人間原理からじつのところ何が出てきたのか、そしてその教訓は何であるのかを考えてみることである。

しかしその前に、たいへん申し訳ないけれども、読者のみなさんにはわたしといっしょに、数千年ほど時間をさかのぼっていただかなくてはならない。そのタイムトラベルの目的地には、天を知りたいという思いに発する人間の知的営みの、太いルーツがあるからである。

# 目次

# 第1章　天の動きを人間はどう見てきたか

## 1　権威ある学問としての占星術

### 天の動きと暮らしのリズム

天文学は、最古の学問とも言われるほど長い歴史をもっている。人類がはじめて天に目を向けたのがいつのことだったかは、もはや知る由もないが、文明と呼べるほどのものが誕生するころまでには、人びとは天の動きを利用して、暮らしにリズムを刻むようになっていた。

そんなリズムの中で、もっとも周期が短く、それだけに基本的でもあるのは、夜と昼が交代する「一日」である。人工照明が普及して、夜も煌々《こうこう》と電気がつくようになったのは、人間の長い歴史の中ではごく最近のことにすぎない。人びとは長らく、空が明るくなれば活動を始め、暗くなれば休むという暮らしをしていたのである。日本語で、普段の生活をすることを「(日を) 暮らす」というが、それはまさしく文字通りの意味において、日々の暮らしの素朴な表現だったことだろう。

お天道様の歩みと足並みを合わせた「一日」のリズムは、今では小学生でも知っているように、地球が自転軸のまわりにくるくると回転し、太陽に対して向ける面が変わることから生じている。

「一日」の次に周期の長いリズムは、夜空の月がおよそ三十日ごとに満ち欠けを繰り返す、「ひと月」である。月の満ち欠けは、晴れた夜空を見上げればすぐにそれとわかるほど目立つのに加え、約三十日というのが手ごろな長さだったこともあり、多くの文化でまずはじめに用いられた暦は、月の満ち欠けにもとづく太陰暦だったろうと言われている。この「ひと月」の周期は、太陽と地球と月との関係から生じている。

人びとの暮らしにかかわる天のリズムの三つ目のものは、季節がめぐる「一年」である。冬が近づくにつれて太陽の日差しはじりじりと弱まり、冬至に向かって夜は長く、そのぶん昼は短くなる。しかし冬至を過ぎると、太陽は今度は夏至に向かってしだいに力を盛り返し、昼は長く、夜は短くなっていく。そしてまた夏至を過ぎると、太陽はふたたび力を失っていく。この「一年」のリズムは、今日の知識で言えば、地球が太陽の周囲をめぐる、公転の周期にほかならない。

これら三つ（「一日」「ひと月」「一年」）が、人びとの暮らしに節目を入れ、暦の基礎となった天のリズムである。昼と夜が交代する「一日」の周期は、もっとも基本的な時間の長さの単位であるのに対し、月の満ち欠けにもとづく「ひと月」の周期は、「おらが町では新月から三日目に市が立つ」とか、「次の満月の晩は村の祭りだ」などと、商売をするにせよ、聖俗のまつりごとを執り行うにせよ、共同体の絆となるさまざまな活動に欠かせないものだった。そして「一年」の周期は、植物の成長と結実、動物の繁殖周期と結びついているため、とくに農作業の計画を立てるのになくてはならない、とても重要なリズムである。

このように、暦は、共同体に属する人びとの活動に必要不可欠だったことから、暦の作成は支配者の責務でもあった。支配者たちは、専門家に命じて暦を作らせていたのである。現代の日本においても、結婚式は大安に挙げるとか、お葬式は友引を避ける、といった習慣が根強く残っていることからもわかるように、世界中のどこの文化も、暦にまつわる習慣で豊かに彩られている。

## カルデアの知恵

このように、「一日」「ひと月」「一年」という、暦の基礎となる三つのリズムは、今日の天文知識に照らせば、地球と月と太陽という、三つの天体の関係だけで決まっている。つまり、地球の兄弟姉妹というべき太陽系の他の惑星たち（水星・金星・火星・木星・土星……）が、どこでどんな振る舞いをしていようと、これら三つのリズムには、何のかかわりもないのである。

そもそも、惑星の存在に気づくこと自体、それほど容易ではない。太陽の日周運動にはいやでも気づかずにはいられないし、月の満ち欠けには、思わず夜空を見上げたくなる不思議な魅力がある。夜空にちりばめられた星たちが、天空の一点（北極星のあたり）のまわりをぐるりと回転することも、晴れた夜空をしばらく眺めていればそのうち見当がつくようになる。それに対して、一糸乱れぬ集団運動をする星たち――「恒星」――のあいだに、その規律に従わない星――「惑星（さまよえる星）」――が存在することに気づくためには、長期にわたって粘り強い観測を続けなければならない。にもかかわらず、そんな惑星たちが、暦の文化の中で大きな役割を演じることになったのである。

そうなった最大の要因は、古代メソポタミアに現れた、「カルデア人」と呼ばれる人びとの知的遺産だった。彼らほど、暦の文化に特異な影響を及ぼした民族はいないだろう。

カルデア人というのは、紀元前七世紀から前六世紀にかけて、今日のイラク南部に新バビロニアという国を建てた民族である。今日まで続く中東の民族紛争という文脈で言えば、新バビロニアは、ユダヤ人の「バビロン捕囚」という大事件を起こした国でもある――そのときアイデンティティーの危機に直面したユダヤ人は、バビロニアの神話に対抗して、独自の一神教を確立することになったと言われている。じっさい、旧約聖書にある天地創造などの物語が生まれたのは、バビロン捕囚の時期だった。

カルデア人は、新バビロニアを建てるより千年ほども前から、夜空の星をグループにまとめて星座としたり、位置関係の変わらない星（恒星）たちのあいだで不思議な動きをする惑星の存在に気づいたりしていたようである。そして新バビロニアを建国するころまでには、後世に「カルデアの知恵」と呼び習わされることになる、天文学の高度な知識体系を作り上げていた。

その知識の中でもとくに重要なのは、「太陽は一年かけて天の道（黄道）をひとめぐりする」ということ、そして「月も惑星も、つねにその黄道付近にある」という事実に気づいたことだろう（図1－1）。それに気づくことは、「古代天文学の基本のキ」なのである。

カルデア人は当初、（黄道十二宮ではなく）黄道付近にある目立った星々を手掛かりにして、太陽の位置を決定していたようである。もちろん、太陽は眩しいため、すぐ近くの星を見ることはできないが、いったん基準となる星々を定めてしまえば、（恒星は互いの位置を変えないため）日没後や日の出前に見える星との距離から、太陽の位置を知ることができる。太陽系の他の惑星たちは、この図に示された地球の軌道面とほぼ同じ軌道面をもつため、地球から見れば、つねに黄道付近に見えることになるのである。

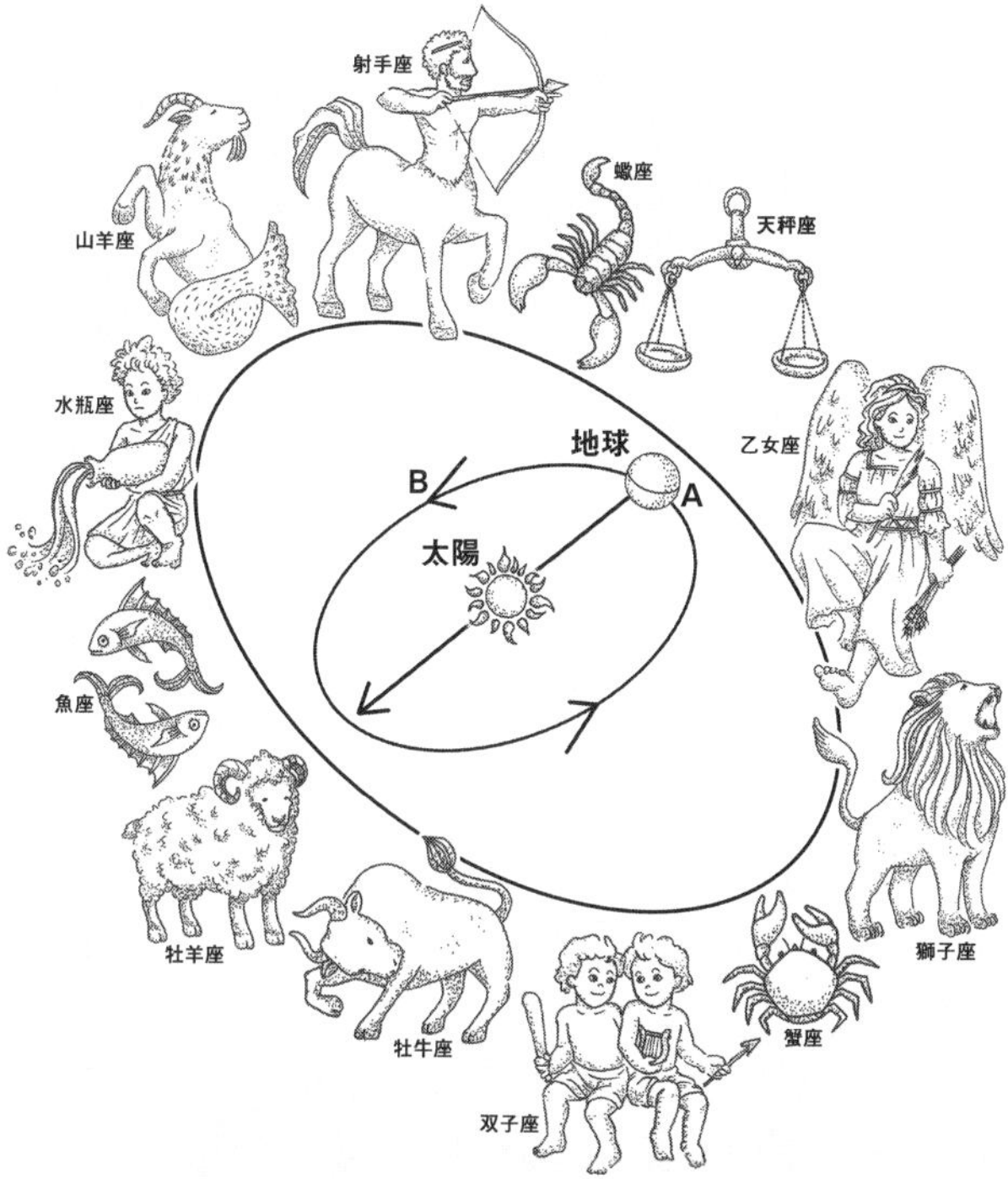


**図1-1　太陽は天空で決まった道（黄道）を進み、月や惑星もつねにその黄道の付近にある。このことを、今日的な地球の公転モデルと黄道十二宮にもとづいて示した。地球は太陽のまわりを矢印の向きに進んでいく。地球がＡからＢへと進むにつれて、太陽は、牡羊座、牡牛座、双子座、蟹座……の順に天の道を進む。黄道上にある星座を、「黄道十二宮」と呼ぶようになったのは比較的（星座の成立した時期に比べれば）新しく、紀元前5世紀ごろだったようだ。そのころには、国としての新バビロニアは滅んでいた。**

## 占星術の起源

この「古代天文学の基本のキ」のほかに、カルデア人は一風変わった遺産を後世に残した——占星術である。

彼らにとって、恒星の規律正しい集団行動に従わない惑星たちの不思議な動きは、神々の意図を表すものにほかならなかった。そして神々が天に示された徴《しるし》を読み取れば、未来を予知することができるし、もしも災難が予知されたなら、しかるべく対処することによってそれを避けることができる、と彼らは考えたのだった。

当初、占星術はもっぱら、国家や支配者の運命を予知するために用いられていた。たとえば、惑星が星々のあいだで、ある位置を占めているときに、国難に見舞われたり、支配者が死んだりしたなら、次に惑星がまたその位置を占めるときには、ふたたび同様の凶事が起こる、というのがその基本的な考え方である。そして惑星の運行について蓄積されたデータにもとづいて、なんらかの災難が予知されたなら、打つべき手を打ってそれを避けることが、国を治める者の務めとされた——じっさいには、物忌みやお祓いなどが行われたようである。

そのほかにもカルデア人は、一日を二十四の時間に区切ったり、一週間（七日）という、たいへん使い勝手のよい長さの区切りを設けたりもした。この七日という手ごろな区切りは、今日のわれわれの生活にも浸透している。しかしこうした区切りは、天体の動きとは関係なく、人間が勝手に決めた約束事なのである。

一週間の区切りを設けたのに加え、それぞれの曜日に惑星の名前を与えたのもカルデア人だった。一週間の曜日が、なぜ「日、月、火、水、木、金、土」という順番になったのかについては、たしかなことはわかっていない。しかし有力な説によれば、カルデア人は次のように考えたようである。

当時知られていた五つの惑星（水、金、火、木、土）に、太陽および月を加えた七つの天体を「惑星」とし、地球から遠い順に（天空での運動周期などから判断して）、土、木、火、日（太陽）、金、水、月、という順番に並んでいるものとする。そして、週の最初の一時間は土星の支配下にあり、次の一時間は木星の支配下にあり……というふうに、惑星を二十四の時間に順番に割り当てていく（次ページ図1－2）。すると、最初の一日は土星の支配に始まり、次の一日は太陽の支配に始まり、次の一日は月の支配に始まり……などとなる。そこでカルデア人はそれぞれの曜日に、一日の最初の一時間を支配する惑星の名前を与えたというのである。時間が惑星に支配されるという、きわめて占星術的な発想と言えよう。

| | 1日目 | 2日目 | 3日目 | 4日目 | 5日目 | 6日目 | 7日目 |
|---|---|---|---|---|---|---|---|
| 1 | **土星** | **太陽(日)** | **月** | **火星** | **水星** | **木星** | **金星** |
| 2 | 木星 | 金星 | 土星 | 太陽(日) | 月 | 火星 | 水星 |
| 3 | 火星 | 水星 | 木星 | 金星 | 土星 | 太陽(日) | 月 |
| 4 | 太陽(日) | 月 | 火星 | 水星 | 木星 | 金星 | 土星 |
| 5 | 金星 | 土星 | 太陽(日) | 月 | 火星 | 水星 | 木星 |
| 6 | 水星 | 木星 | 金星 | 土星 | 太陽(日) | 月 | 火星 |
| 7 | 月 | 火星 | 水星 | 木星 | 金星 | 土星 | 太陽(日) |
| 8 | 土星 | 太陽(日) | 月 | 火星 | 水星 | 木星 | 金星 |
| 9 | 木星 | 金星 | 土星 | 太陽(日) | 月 | 火星 | 水星 |
| 10 | 火星 | 水星 | 木星 | 金星 | 土星 | 太陽(日) | 月 |
| 11 | 太陽(日) | 月 | 火星 | 水星 | 木星 | 金星 | 土星 |
| 12 | 金星 | 土星 | 太陽(日) | 月 | 火星 | 水星 | 木星 |
| 13 | 水星 | 木星 | 金星 | 土星 | 太陽(日) | 月 | 火星 |
| 14 | 月 | 火星 | 水星 | 木星 | 金星 | 土星 | 太陽(日) |
| 15 | 土星 | 太陽(日) | 月 | 火星 | 水星 | 木星 | 金星 |
| 16 | 木星 | 金星 | 土星 | 太陽(日) | 月 | 火星 | 水星 |
| 17 | 火星 | 水星 | 木星 | 金星 | 土星 | 太陽(日) | 月 |
| 18 | 太陽(日) | 月 | 火星 | 水星 | 木星 | 金星 | 土星 |
| 19 | 金星 | 土星 | 太陽(日) | 月 | 火星 | 水星 | 木星 |
| 20 | 水星 | 木星 | 金星 | 土星 | 太陽(日) | 月 | 火星 |
| 21 | 月 | 火星 | 水星 | 木星 | 金星 | 土星 | 太陽(日) |
| 22 | 土星 | 太陽(日) | 月 | 火星 | 水星 | 木星 | 金星 |
| 23 | 木星 | 金星 | 土星 | 太陽(日) | 月 | 火星 | 水星 |
| 24 | 火星 | 水星 | 木星 | 金星 | 土星 | 太陽(日) | 月 |

図1-2　曜日の順番の決め方。カルデア人は、こうして曜日の順番を決めたのではないかと言われている。

## プトレマイオスが集大成

新バビロニアは、紀元前五三九年アケメネス朝ペルシャに倒され、そのペルシャは前三三〇年に、かの有名なマケドニアのアレクサンドロス大王に征服された。しかし、支配者が変わっても、バビロニア地方の行政や神殿の運営はほぼそのまま維持されたため、都市バビロンは長らく、メソポタミア南部の、政治、経済、文化の中心であり続けた。

そうこうするうちに、カルデアの知恵は西方のギリシャ・ローマの世界に広がり、とくにローマ時代の占星術は、カルデア・ギリシャ伝来の権威ある学問として、社会のあらゆる階層に浸透していく。

こうした占星術の歴史の中でも特筆に値するのは、紀元後二世紀に、ナイル川のほとりに栄えた港湾都市アレクサンドレイアで活躍した大学者プトレマイオスが、それまでに蓄積された占星術の知識を集大成して、大著『テトラビブロス』(「四巻の書物」という意味)にまとめたことだろう。(ちなみにこのプトレマイオスは、天文学の歴史に燦然《さんぜん》と輝く大著『アルマゲスト』で知られる、かの有名なプトレマイオスと同一人物である。)

プトレマイオスは『テトラビブロス』の中で、カルデア伝来の占星術に、アリストテレス自然学の基礎を与えた。アリストテレスは紀元前四世紀のアテナイで活躍し、万学の祖と称えられる偉大な哲学者である。

アリストテレスの体系的な自然学の言葉で語られたことにより、占星術はさらなる権威をまとうことになった。プトレマイオスの『テトラビブロス』は、今日なお、西洋占星術の基本文献と位置づけられている。

**化石のように保存された「古代の知恵」**

さて、プトレマイオスの時代からほどなくして、ローマ帝国が分裂・衰退し、五世紀には西ローマ帝国が滅亡して学問や教育どころではない混乱の時代になると、占星術の伝統もその他の学問と同じく、主にイスラム世界に引き継がれ、新たな土壌に根を下ろすことになった。

やがて十二世紀になり、アラビア語やギリシャ語からラテン語への翻訳運動が起こると、占星術もまた古代の他の学問とともに、西欧のラテン世界にふたたび持ち込まれる。そうこうするうちに古典復興を謳うルネサンスの時代になり、占星術は新たな装いで大流行することになった。

こうして紆余曲折の歴史を経て占星術が伝播するうちに、占星術で占われる事柄の範囲も広がっていった。かつてカルデア人は、もっぱら国家や支配者の運命を占うために占星術を使っていたのだった。しかし時代が下るにつれて、一般の人びとの性格や、その人物の健康状態、さらには流行《はや》り病《やまい》がいつ収まるかといったことまで、この世のあらゆる事柄が占星術の対象となったのである。

たとえば、ヨーロッパの大学で医学を修める者たちは、体に刃物を入れて淀んだ血を排出させる「瀉血《しゃけつ》」という治療法を施すにあたり、患者の体のどの部分を、いつ切ればよいかを判断するためにも、占星医術を学ぶ必要があったのだ。

ユダヤ＝キリスト教の聖職者たちは、「バビロン捕囚」の一件で恨み骨髄だったこともあってか、バビロニアの異教臭がふんぷんとする占星術には一貫して敵対的だったが（ナザレのイエスのホロスコープを作った者が死刑になるという事件もあった）、教会の偉い人たちがなんと言おうと、人びとは占星術が大好きだった。現代の日本も似たようなもので、週刊誌やタウン誌で、星占いコーナーがないものを探すのは難しい。

とはいえ、かつての占星術を、今日の星占いと同じようなステータスのものと考えてはならない。占星術は、高い信憑性を与えられた、権威ある学問だったのである。

「未来を知ることができるなら！」――古来、人びとは切実にそう願わずにいられない局面に立たされてきたことだろう。今日のわれわれならば、あなたの未来を教えてあげようと言われても、そんな話をおいそれと信じる気にはなれない。しかし、かつて占星術は、大学者プトレマイオスも真剣に探求した学問分野だったのであり、それを疑うだけの確かな根拠はどこにもなかったのである。ユダヤ＝キリスト教の占星術批判にしても、信仰がその根拠だったのだから。

こうして「カルデアの知恵」の精華というべき「占星術」（アストロロギア、「星の学問」という意味）は、プトレマイオスによって大枠が完成され、ほぼそのままのかたちで今日に引き継がれている。占星術は数千年の歴史をもつ古代の知恵として、化石のように保存されているといえよう。

それとは対照的に、占星術を行ったり、暦を作ったりするための基礎技術だった「天文学」（アストロノミア、「星の運行規則」というほどの意味）のほうは、これから見ていくように、大きな変革の波を何度もかぶることになったのである。

## 2　惑星の運動メカニズムを知りたい！

### 惑星の動きをどう説明するか

カルデアの知恵がメソポタミアから西方に伝わったとき、折しもギリシャ世界では、数学、とくに幾何学が大きく発展しつつあった。そんな気運のなか、ギリシャ人たちは惑星の動きをデータから読みとるだけでなく、なぜ惑星はそんな不思議な動きをするのかを、幾何学によって説明できないだろうかと考えはじめる。

惑星の振る舞いは、かなり込み入っている。惑星が恒星のあいだを移動する速さが変化するばかりか（これを「第一変則運動」という）、進行方向が逆転することさえある（「第二変則運動」）。そんな複雑な運動が、いったいどんな仕組みで起こっているのだろうか？　ギリシャの人びとは、そのメカニズムを解明したいと考えたのである。

惑星の運動を、「円運動の組み合わせとして」説明するという方針をはじめて打ち出したのは、一説によれば、紀元前六世紀のピュタゴラス派の人たちだったという。しかし、より信憑性の高い伝承によれば、紀元前四世紀にギリシャのアテナイで活躍した大哲学者プラトンが、その方針を立てた最初の人物だったようである。プラトンは次のように問いかけた。

「等速円運動を仮定して、惑星運動の現象を救うにはどうすればよいだろうか？」

こうして偉大な哲学者プラトンが、等速円運動で惑星運動を説明するという基本方針を掲げたことにより、天文学はケプラーが登場するまで二千年ものあいだ、いわゆる「円環の呪縛」に縛られることになった——というのが、今日広く流布している説である。

しかし近年の研究によれば、プラトンの時代から長きにわたり、天文学の泰斗プトレマイオスをはじめとして、学者たちがとくに何かに呪縛されていたと考えるだけの根拠はなさそうである。むしろ、惑星運動を説明するには円運動から出発するのが妥当であり、現実問題としてそれしかなかった、というだけのことなのではないだろうか。

じつは、等速円運動で説明するという方針を、原理と呼べるような地位にまで高めたのは、かなり後の時代のアラビアの天文学者たちだったようだ。そのアラビア由来の「円環の呪縛」を受けたのは、当然ながら古代の天文学者たちではなく、むしろルネサンス人コペルニクスであり、惑星の楕円軌道を発見したケプラーの文通相手でありながら、楕円軌道をけっして認めようとしなかった近代科学の父、ガリレオだったとみるべきだろう。

つまり、「天文学は、プラトン以降、二千年の長きにわたって円環の呪縛を受けた」という話は、事実からは遠く、むしろ天文学史上のひとつの神話だというほうが実情に近いようなのである。

さきほど引用したプラトンの言葉の中には、もうひとつ、天文学史上のキーワードが含まれている。「現象を救う」という、今日では耳慣れない表現がそれだ。しかし、どうやらプラトン自身がこの言葉を使ったわけではなさそうである。これをプラトンの言葉として書き記したのは、紀元後六世紀という、はるか後代のシンプリキオスという学者なのである。「現象を救う」とは、紀元後二世紀のプトレマイオスの考えを表す言葉であり、それが意味するところは後であらためて取り上げるが、六世紀のシンプリキオスは、そのプトレマイオスの天文学思想の影響下にあったと考えられるのである。

## 同心天球説はデータに合わない

どんな表現を使ったかはともかく、プラトンが惑星運動を等速円運動の組み合わせとして説明できないだろうかと問いかけたという伝承は信用してよさそうだ。その問いかけに対し、同心天球（中心を同じくする天球）を組み合わせることでひとつの回答を与えたのが、プラトンその人とも交流のあった優れた数学者、エウドクソスである。

エウドクソスは、惑星の不規則な運動を説明するために、宇宙の中心にある地球のまわ

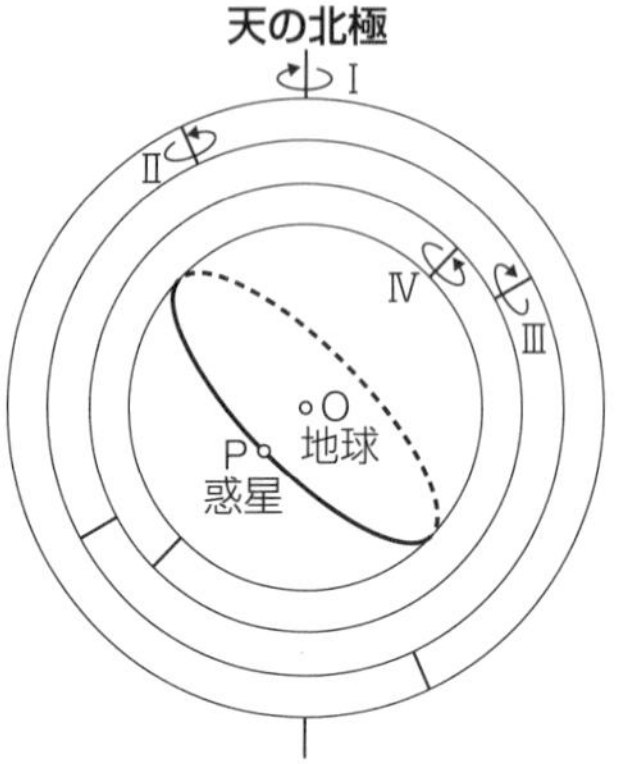


図1-3　基本的な同心天球説。それぞれの惑星について、四つの天球を組み合わせて運動を説明する。宇宙の中心は、地球（O）である。一番外側の天球Ⅰは24時間で一回転して天の日周運動を説明し、二番目の天球Ⅱは23.5度傾いて回転し、黄道に沿う運動を説明する。ⅢとⅣはそれぞれ惑星の変則運動を説明するためのもの。これらの運動を組み合わせれば、惑星（P）の運動が説明できる。

りに、惑星ごとに四つの天球があるというモデルを考えた（図1－3）。それら天球の等速度運動を組み合わせると、惑星の速度が変化するという現象（第一変則運動）も、惑星の進行方向が逆転するという現象（第二変則運動）もうまく説明することができた。

その後アリストテレスが、それぞれの同心天球の運動を調整するために、逆向きに回転する「逆転天球」をはめ込み、惑星ごとの同心天球の数を七個または九個に増やすことにより、このモデルをいっそう精巧なものにした。

しかし、同心天球をどれだけ重ねても、惑星と地球との距離を変えることはできない。はやくも紀元前四世紀までには、金星や火星の明るさは変化することが知られており、惑星までの距離は変化すると考えられるようになっていた。そのため、データを重視する天文学者のあいだでは、距離の変化を記述できない同心

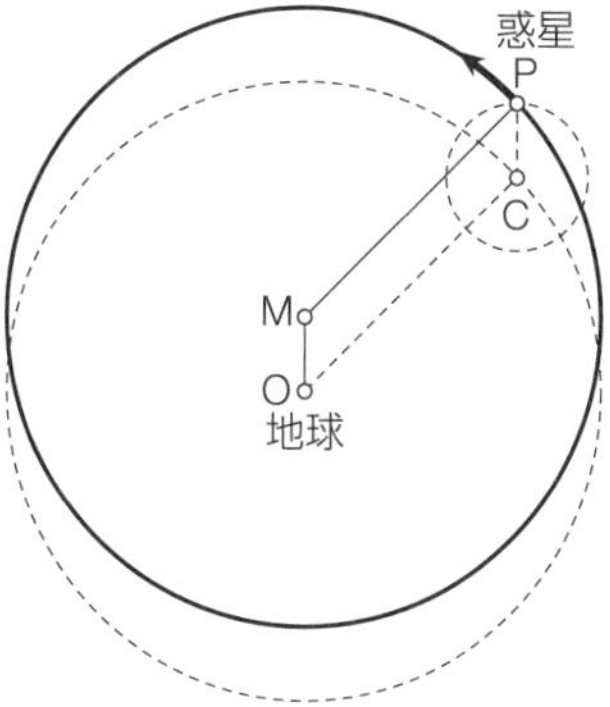


図1-4　離心円モデル（実線）と導円ー周転円モデル（点線）の模式図。離心円モデルでは、惑星Pは、地球Oから離れたところに中心Mをもつ離心円上を一定の速度で進む。MをOの周りに円運動させれば、惑星の逆行運動も再現できる。それに対して導円ー周転円モデルでは、地球Oを中心として、点Cが描く円（導円）を考え、そのCを中心とする円（周転円）の上に、惑星Pが乗る。

天球モデルはしだいに支持を失っていった。

## アポロニオスの画期的な一歩

惑星までの距離が変化するようなモデルを作るうえで決定的な役割を果たしたのが、小アジアのペルガに生まれ、有名な『円錐曲線論』で後世に名を知られる偉大な幾何学者、アポロニオスである。

アポロニオスはまず、惑星の軌道として、地球から離れたところ（M）に中心をもつ円――「離心円」――を考えた（図1－4の実線）。惑星は、この離心円の円周上を一定の速度で進むものと考えれば、惑星と地球との距離が変化することも、運動速度が変化することも説明できた。さらに、離心Mを地球Oのまわりに円運動させれば、惑星の逆行運動さえも再現することができる。それだけでも注目すべき進展といえよう。

だがアポロニオスは、そこからさらに画期的な一歩を踏み出した。この離心円モデルは、もうひとつの奇妙なモデルと、数学的にはまったく同等であることを示したのである。

その奇妙なモデルは、地球Oを中心とした円（図1－4の点線）の周上に、もうひとつの円の中心Cが乗り、惑星Pはその「円の上の円」の周上に乗っているという、「円の上に円を重ねる」ものだった。人為的で不自然な感じがするかもしれないが、数学的には離心円モデルよりもずっと扱いやすい。そして数学的に扱いやすいかどうかは、モデルが使い物になるかどうかという実用的な観点からは、非常に重要なポイントなのである。

惑星が乗っている円のことを、ギリシャ語由来の言葉で「エピサイクル」（「円の上の円」という意味）と言い、日本語ではこれを「周転円」と訳すことになっている。周転円が乗っている円――地球を中心とする円――のほうは、はじめはとくに名前を与えられていたわけではなく、単に「エピサイクルを乗せている円」などと言われていた。しかし後世にラテン語で「デフェレント」（「運ぶ者」という意味）と呼ばれるようになり、日本語ではこれを「導円」と訳すことになっている（「従円」と訳す人もいる）。そんなわけで、この人為的な感じのする奇妙なモデルのことを、日本語では普通、「導円－周転円モデル」と言っている。

## プトレマイオスの執念

このモデルを磨きあげて完成させたのが、二世紀の大学者プトレマイオスだった。プトレマイオスはさまざまな分野で業績を残し、前に述べたように占星術の大成者でもあったわけだが、今日ではもっぱら天文学の巨人として知られている。彼の天文学書は、のちに『アルマゲスト』（もっとも偉大な書）と呼ばれるようになった。

プトレマイオスはデータに合わせるために工夫を重ね、モデルの精度を上げることに驚異的なエネルギーを注ぎ込んだ。

しかし、惑星の速度が変化する——地球から遠い遠地点Aでは遅くなり、近地点Bでは速くなる——という現象に合わせるために、図１－５（次ページ）に示したような「エカント点」というものを導入したせいで、後世に「等速円運動の原理」と呼ばれるようになるものを破ってしまう。そして、プトレマイオスが破ったこの原理を回復させることが、コペルニクスをして天文学の改革に取り組ませるひとつの動機となるのである。

ところで、プトレマイオスのモデルは、それぞれの惑星ごとに組み立てられた、個別的な「導円＋周転円」の集まりだったという点に注意しよう。よく、「プトレマイオスの宇宙体系」といった名前で、後世に描かれた宇宙全体の図が示されることがあるけれども、『アルマゲスト』にそうした宇宙の全体像が含まれていたわけではない。

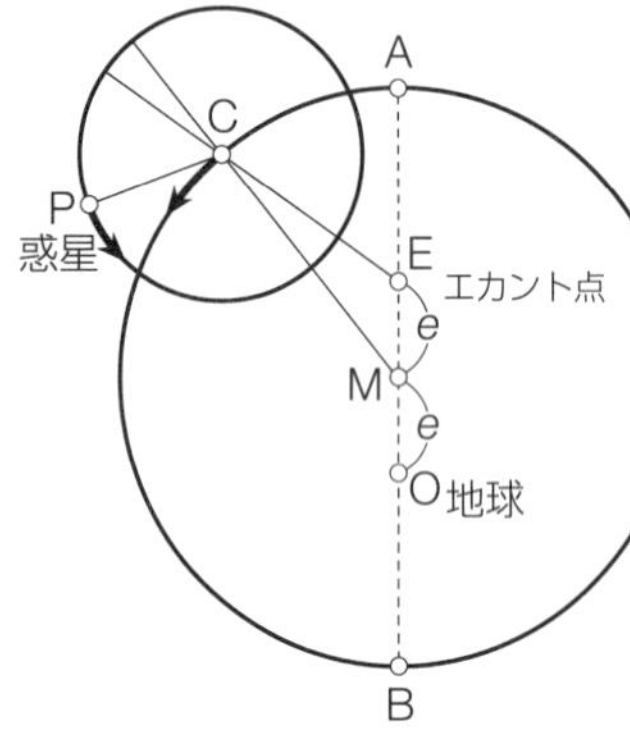


図1-5　プトレマイオスは、図1-4の基本的な「導円ー周転円モデル」から出発して、さらに導円の中心Mを、地球Oからｅだけ離した「離心円」を導入した。今日の視点から言えば、これはケプラーの第一法則（楕円軌道）を近似的に取り込むことに相当する。さらに周転円の中心である点Cの回転中心を、離心円の中心Mではなく、Mを挟んでOの反対側に同じ距離だけ離れた点Eとした。このEは、後世ラテン語で「エカント点」（「等しくする」という意味。反対側に同じ距離だけ離すことから）と呼ばれるようになった。エカント点を持ち込むことは、ケプラーの第二法則（面積速度一定）を近似的に取り込むことに相当する。また、導円と周転円それぞれの面に角度をつけて傾かせることで、黄道面からずれた天体運動も取り入れることができた。こうした工夫から、プトレマイオスがデータとモデルとの高い精度での一致を求めて努力を重ねたことがうかがえる。

たしかに、プトレマイオスも惑星の並び方についてはひとこと述べており、「月、水星、金星、太陽、火星、木星、土星」という順番が妥当だろうという考えを示してはいる。プラトン、エラトステネス、アルキメデスらは、それとは異なる、「月、太陽、水星、金星、火星、木星、土星」の順番を提唱していたのだが、太陽は惑星たちの中央に位置するのがふさわしい、というのがプトレマイオスの考えだった——このタイプの「太陽中心説」、すなわち太陽は惑星たちの配列の中心にあるという考えは、かつてはそれほどめずらしくなかったようである。

いずれにせよ、『アルマゲスト』でプトレマイオスが成し遂げたのは、ひとつひとつの惑星の天空での振る舞いを、高い精度で再現するモデルを作り上げることであり、惑星たちが宇宙の中でどういう順番で並んでいるかは、彼にとってそれほど重要な問題ではなかったのである。

## 知ることとの断念

プトレマイオスは、モデルをデータに合わせるために驚くべき工夫を重ねている。「なぜそこまで？」と疑問が浮かぶかもしれないが、彼が占星術の大成者であることを思い出せば、なるほどと納得がいくだろう。プトレマイオスは、未来を予測するための「星の学問（占星術）」の基礎技術として、正確な「星の運行規則（天文学）」を必要としていたのである。

もうひとつ注目すべきは、天体の運行を説明するモデルに対するプトレマイオス自身の考え方である。プトレマイオスは、天文学におけるモデルを——ひいては天文学そのものを——どのようなものと考えていたのだろうか？　それを知るためには、プトレマイオスの『アルマゲスト』に出てくる、有名な「注意書き」を見ればよい。それは天文学の歴史上、非常に有名、かつ重要な宣言なのである。

さて、この方法［導円−周転円モデル］が複雑だからといって、仮説が巧緻すぎると決めつけてはならない。なぜなら、人間の［工作物］を神の創造物と比較したり、かけ離れたもの同士に無理な類推を働かせたりすることで、かくも大きなもの［諸天球］を理解したつもりになるのは不適切だからである。永遠不変なものと、たえず変化するものとを比較したり、何かにつけ運動を止められるものと、それ自体によってさえ運動を止められないもの［エーテル］とを比較したりできるものだろうか？

つまりプトレマイオスは、モデルからの類推で、天を理解したつもりになってはならないと言っているのである。

彼はこれに続けて、天の運動を、地上で観察される運動からの類推で理解しようとするのではなく、できるだけ単純な仮説を置き、モデルを現象に合わせようとすべきであり、もしも単純な仮説でうまくいかなければ、ともかくも現象に合う仮説を用いるようにすべきであると論じ、次のように述べた。

「そのような仮説によって、どの現象も十分に救われる〔合わせられる〕のなら、その複雑さが天の運動を特徴づけている可能性を疑うものがあるだろうか？」

要するにプトレマイオスは、天はわれわれの経験からは本質的に理解できないのだから、ともかくも現象に合わせることが肝心であり、現象にぴったりと合うモデルなら、天の運動を捉えているかもしれないではないか、と言っているのである。

天は本質的にわれわれには理解できないのだし、わかったつもりになってはならない、と彼が主張する根拠は、（アリストテレスの学説に従って）月より下のわれわれの世界は、四つの元素（土、水、空気、火）でできているのに対し、天は第五元素「エーテル」でできているからだった。エーテルをじかに調べることはけっしてできないし、エーテルの自然本性は、ほかの四つの元素のそれとはまったく異なるのだから、われわれの日常的な判断基準にもとづいて天を理解しようとするのはまちがっている、と。

プトレマイオスは、この「二世界論」——月より下の四元素からなる世界と、月より上のエーテルからなる天界がある——の立場に立ち、天については知ることを断念し、天の「現象を救う」ことを目指さなければならないと論じたのである。

それから千数百年後、コペルニクスははるか北の国ポーランドで、この二世界論にもとづく「知ることの断念」に立ち向かうことになる。

## 3 誤解されたコペルニクス

### よみがえる『もっとも偉大な書』

先述のように、プトレマイオスの時代からしばらくして西ローマ帝国は荒廃し、文化の中心はイスラム世界に移った。

プトレマイオスの著作も、九世紀にはイスラム世界でさかんに翻訳され、学ばれるようになる。彼の天文学上の著作のタイトルは、ギリシャ語では『数学的総合全十三巻』だったが、アラビア語で『もっとも偉大な書（al-majisti）』と呼ばれるようになったのも、このころのことである。今日の呼び名『アルマゲスト』は、このアラビア語に由来する。

イスラム世界の学者たちは、プトレマイオスの仕事を検討して発展させ、その過程で『アルマゲスト』に対して批判的な考えも生まれた。学者たちの中には、「天文学は、単にデータに合わせるモデルを作るだけでなく、実在する天を扱う理論を作るべきだ」と主張する者もいたし、エカント点を導入したせいで「等速円運動の原理」が破られたとして、それを取り戻すために新たな同心天球モデルを提案する者たちもいた。

やがて十二世紀になり、いわゆる「十二世紀ルネサンス」の翻訳運動が起こると、プトレマイオスの『アルマゲスト』も、ギリシャ語からラテン語へ訳されたり（一一六〇年ごろ）、アラビア語からラテン語に訳されたり（一一七五年ごろ）して、西方ラテン世界にもたらされる。

しかし、分厚いうえにきわめて専門性の高い『アルマゲスト』そのものが読まれることはほとんどなく、十三世紀以降の西ヨーロッパで学問の中心となった大学で、天文学の教科書として用いられたのは、イスラム世界で生まれた『アルマゲスト』に批判的な意見――天文学は実在する天を記述しなければならないとか、「等速円運動の原理」を取り戻さなければならないといった意見――の影響を受けた、いくつかの解説書だった。

やがて十四世紀から十六世紀にかけて古典復興運動（ルネサンス）が盛り上がると、『アルマゲスト』そのものの研究も進み、ようやくその全容が理解されはじめる。そうした気運のなか、一四七三年、コペルニクスがポーランドに生まれた。

## コペルニクスの当惑

コペルニクスは聖職者になるために大学に学び、やがて聖堂参事会員として禄を得るようになるが、学生時代から天文学に興味をもっていた。

彼にとって天文学のもっとも不満な点は、「数学者たち（天文学者のこと）の意見が一致していない」ことだった。

「同心天球モデル」は、「等速円運動の原理」を堅持しているという点では望ましいが、現象を再現することができない、とくに惑星までの距離の変化を説明できないというのでは話にならない、と彼は考えた。一方、プトレマイオスが磨き上げた「導円‐周転円モデル」は、データに合わせるという点では優れていたが、エカント点を導入したせいで、「等速円運動の原理」を破っていた。

そこでコペルニクスは両方のモデルを天秤にかけたうえで、ともかくも現象に合わせられる「導円‐周転円モデル」から出発して、自分として納得のいくようなモデルづくりに取り組むことにした。

「等速円運動の原理」を取り戻そうとしたイスラム世界の天文学者や、その影響を受けたラテン世界の天文学者はみんな、なんらかの同心天球モデルを提案していた。しかしコペルニクスは——今日では誰もが知っているように——地球を中心とする同心天球モデルではなく、太陽を中心とする同心天球モデルにたどりつく。彼はいったいどういうわけで、太陽中心の同心天球モデルにたどりついたのだろうか?

彼がたどった道のりは、現代の研究者により、かなり詳しく跡付けされている。それによれば、「導円 - 周転円モデル」から出発した彼は、まず、惑星の軌道の中心が地球から離れている「離心円モデル」に立ちかえったようである。これらふたつのモデルが数学的に等価であることは、古代のアポロニオスによって証明されていたのだった(図1-4)。

そうしておいてコペルニクスは、惑星ごとに別々に決まる離心円の中心を平均して、そこに太陽(平均太陽)を置いた。そうしてひとつにまとめた離心円の中心を、地球のまわりに回転させる。そうすると、地球のまわりを太陽が公転し、その太陽のまわりを惑星たちが公転することになる(ちなみにこれは、後世の「ティコ・ブラーエのモデル」に相当する)。

このモデルを使って、当時得られていたデータにもとづき、できるかぎり正確に天の全

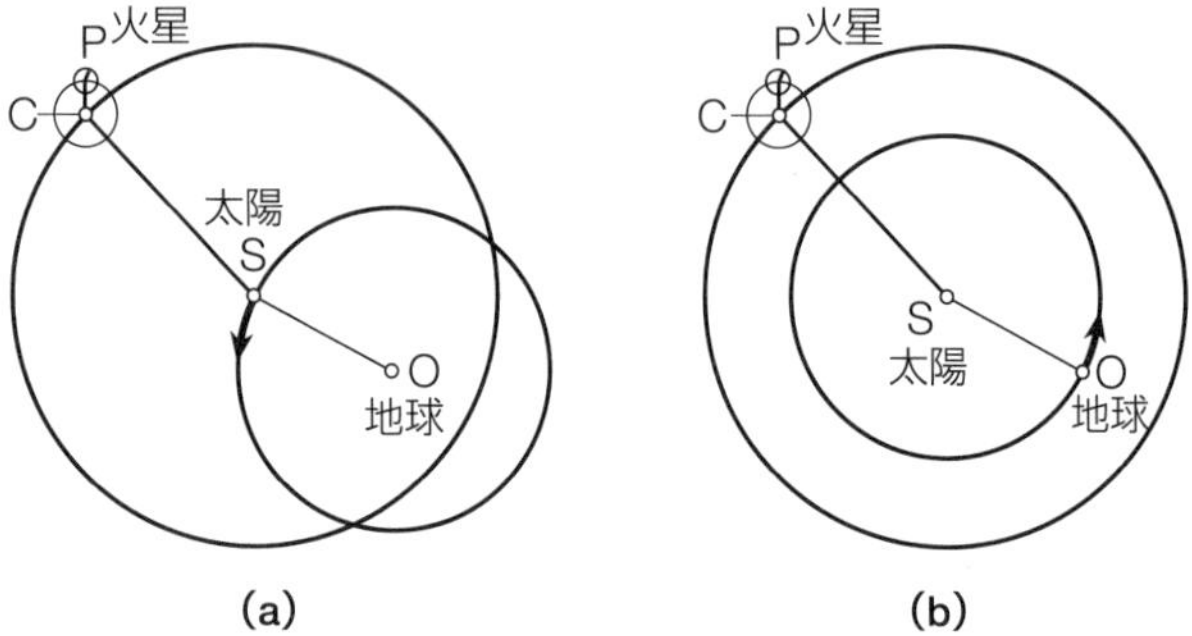


**図1-6　(a) 地球Oを中心とする太陽天球（惑星はこの太陽のまわりに回転する）と、火星Pの天球が交差してしまう。(b) それに対して、地球もまた平均太陽のまわりに公転すると考えれば、天球の交差を避けることができる。**

体像を描こうとしてみたコペルニクスは、ありえないような事態に直面する。

太陽の天球と、火星の天球が、交差してしまったのである（図1－6）。

かつてプトレマイオスは、天を構成するさまざまな要素は、交差してもかまわないと考えていた。交差してもするりと通り抜けるのが、われわれには知る由もないエーテルというものの自然本性だからである。

しかしコペルニクスにとって、天球が交差するというのは納得がいかなかった。透明なクリスタルのような物質でできている天球が、いったいどうすれば交差できるというのだろうか？

天球の実在性を信じていたコペルニクスにとって、それはありえないことだったろう。

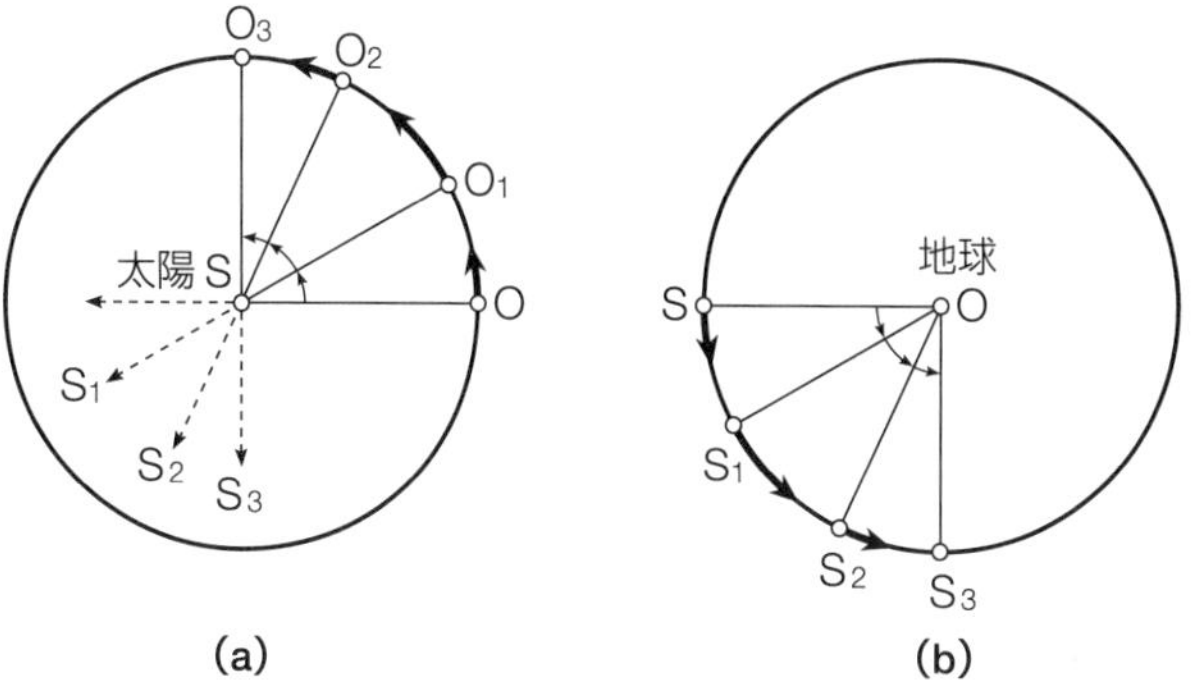


図1-7　太陽の動きは、地球と太陽のどちらを中心にしても説明できる。(a) 太陽Sを中心とした場合、地球Oから見た太陽はS1、S2、S3と動いていく。これはわれわれが日常見ている現象だ。(b) 地球Oを中心としても、同じ太陽の動きを説明することができる。

## 宇宙の全体像まで明らかに

この難局を乗り越えるために彼がとった方策は、「天球は本当に実在するのだろうか?」と天球の実在性を疑うことではなく（今日のわれわれにはちょっと信じがたいことだが、コペルニクスは天球の実在性を固く信じていた）、太陽と地球の役割を交換することだった。じっさい、太陽を中心とするか地球を中心とするかは、視線を逆にすればよいだけなので、幾何学的には同等なのである（図1－7）。

地球と太陽の役割を交換したコペルニクスは、地球を運ぶ天球を、「偉大な球（orbis magnus）」と呼び、その偉大な球の中心を、宇宙の中心とした。太陽は、宇宙の中心近くにあって、静止している。こうして彼は、天球の実在性という信念と矛盾せず（つまり天球同士の激突を避け）、「等速円運動の原理」を遵守するモデルを作ることに成功したのである。

以上のいきさつからわかるように、コペルニクスは太陽を宇宙の中心に置くことをねらったわけではまったくない。「等速円運動の原理」の回復を目指した結果として、「偉大な球」（地球を運ぶ天球）の中心を、宇宙の中心とすることになったのである。

コペルニクスにとってとりわけ嬉しかったのは、惑星それぞれに関する各論の集合体にすぎなかったプトレマイオスのモデルとは異なり、自分のモデルは、宇宙の全体像を明らかにしていることだった。

彼は著書『天球の回転について』の中で、「（導円－周転円モデルを研究していた）数学者たちが発見することも、またそのモデルから引き出すこともできなかった重大な事柄、すなわち、宇宙の形態と、その諸部分の均衡」を明らかにすることができた、と高らかに宣言している。

こうして、データの再現という点でも先行するプトレマイオスのモデルにひけをとらず、「等速円運動の原理」を遵守し、宇宙の全体像までも明らかにするモデルが誕生したのである。

## ルネサンスの時代精神

コペルニクスは、プトレマイオスの説く「知ることの断念」を、断固拒否したという点は注目に値する。

ルネサンスのこの時代、神はわれわれ人間のためにこの宇宙を創造してくださったのであり、努力次第で、われわれは宇宙を理解することができる——そのためにこそ、神は人間に理性を与えてくださったのだから、という考えが広まっていた。

そのルネサンス精神は、コペルニクスよりも十歳年上のイタリアの人文主義者、ピコ・デラ・ミランドラの『人間の尊厳について』という作品の、とりわけ印象的な一節に高らかに謳われている。ルネサンスが生んだ珠玉の作品と称えられるその著作の中で、ピコはこう語る。

おお、父なる神のこの上ない寛大な自由よ、人間の最高にして驚嘆すべき幸福よ。人間には、望むものを持ち、欲するものになることが許されています。

神が寛大にも与えてくださった自由のおかげで、人間はなんでも手に入れることができるし、なりたいと望むものになることができる、とピコは続ける。人は努力さえすれば、熾天使《してんし》、智天使、座天使の尊厳と栄光に肩を並べることができるし、さらにはそれを越えることもできるし、神と同じぐらいになることもできる、とさえ言う。

「そこまで言ってしまっていいのか？　異端にならないのか？」と心配になるが（じっさい、ピコは異端宣告を下されることになる）、それはともかく、自分を高めるために、人は何をすればよいと、ピコは考えていたのだろうか？

そのためには、ピュタゴラスやプラトンやアリストテレスや、ユダヤのカバラや、その他もろもろ、古来の知恵に学べばよい、というのがピコの考えだった。そうして正しく理性を用いれば、われわれはなんでも知ることができるし、知らなければならない、というのが、古典古代復興（ルネサンス）の精華とも称されるピコの思想だったのである。

このようなルネサンスの時代精神をたっぷりと吸い込んでいたコペルニクスは、『天球の回転について』の中で、宇宙は「最善にしてもっとも規則的な万物の製作者［＝神］によ り、われわれ人間のために創造された」と宣言し、人間のために作られたその宇宙を理解しようとしたのだった。

そんな理想を胸に天文学に取り組んだ彼は、地球を「天体」のひとつにすることにより、知ることのできる月下の世界と、けっして知ることができないとされた月より上の天界（caelum）を分ける二世界論を拒否し、知ることのできるひとつの宇宙（mundus）という世界像を作ったのである。

### あくまで人間は特別と考えていた

コペルニクスは自著のタイトルを、『宇宙の諸球体の回転について（De revolutionibus orbium *mundi*）』とするつもりだった。じっさい教皇パウルス三世への献呈文の冒頭でも、「わたしの著作は、宇宙の諸天球の回転に関するもの（meis libris, quos de revolutionibus sphearαrum *mundi* scripsi）」であると、はっきり述べている。

ところが、彼の知らぬところで、出版のための作業にかかわったルター派の宣教師アンドレアス・オジアンダーにより、著書のタイトルを『天の諸球体の回転について（De revolutionibus orbium *coelestium*）』に変更されてしまう。「宇宙」だろうが「天」だろうが、大したちがいはないだろうと思うかもしれない。事実、これまで科学史の研究者のあいだでも、このタイトルのちがいは瑣末《さまつ》なこととみなされがちだったようである。

しかし、現代ドイツの哲学者ハンス・ブルーメンベルクは、大著『コペルニクス的宇宙の生成』の中で、この点を詳しく検討し、タイトルの変更はけっして小さなことではないと論じた。コペルニクスは、宇宙を統一的に理解することは可能であるし、それを自分は成し遂げたとはっきり宣言したのにもかかわらず、オジアンダーは作品の顔というべきタイトルに二世界論を掲げることにより、コペルニクスのその宣言をすでにタイトルにおいて否定したのである、と。

コペルニクスの考えはもはや明らかだろう。彼は、われわれ人間のために神が作った宇宙を、神が人間に与えた理性を使うことによって理解しようとし、自分はそれに成功したと考えたのである。

コペルニクスは、人間は特別な存在だという意味において、人間中心的な考え方をしていた。そして彼は、それまで動かざるものだった不活性な地球を動かして、地球を天に上げて高貴なる「天体」に仲間入りさせ、「知ることの断念」を拒否して、宇宙の全体像までも明らかにする、精密なモデルを作り上げたのである。

**宇宙の中心はそもそも良い場所ではなかった**

ところで、こうしたコペルニクスによる自分自身の仕事に対する評価は、今日広く流布している彼の仕事に対する評価とは、大きくかけ離れている。なにしろ今日では、コペルニクスは宇宙の中心という地位から地球を（それゆえ人間を）追い出し、地球を惑星のひとつに格下げすることによって、人間中心主義的な思い上がりを打ち砕いた、と言われるのが普通だからである。

いわく、「コペルニクスは、地球の代わりに太陽を宇宙の中心に据えることによって、地球を宇宙の中心から追い出した。そのせいで、地球は太陽のまわりをめぐる惑星のひとつになってしまった。それからというもの、科学が進展するにつれて、地球はどんどんつまらない存在に成り下がっていった。宇宙の中心だった地球は太陽系の第三惑星になり、やがてその太陽も銀河系の辺境にあるありふれた恒星のひとつになり、銀河系さえも、数千億という銀河のひとつにすぎないことが明らかになった――」。

コペルニクスの仕事に対するこうした評価にもとづいて、「宇宙における人間の居場所は、なんら特権的なものではない」という考えや、そこから引き出された、「宇宙には特権的な場所はない」という考えのことを、「コペルニクスの原理」と呼ぶことがある。

今日、人間が陥りやすい思考の罠――とりわけ、安直な人間中心主義――に陥らないための力となる科学の合理性を高く評価する人たち、とくに科学者たちは、いわゆる「コペルニクスの原理」を肯定的に受け止める。それに対して、科学の進展は人間を疎外し、周辺に追いやるものだと感じている人たち、とくに宗教的な傾向をもつ人たちは、「コペルニクスの原理」は人間の尊厳を傷つける陰鬱な思想だと考える。

じっさい、ダーウィンの進化論が登場して、宗教サイドからの攻撃の矢面に立つという役目を一手に引き受けてくれるまでは、コペルニクス説は、人間のモラルを堕落させるもとだとして、厳しく非難されていたのである。

しかし、これまで見てきたことから明らかなように、コペルニクスには、地球を（それゆえ人間を）貶《おとし》めるつもりなど毛頭なかった。そもそも、当時の学問の伝統からすると、「コペルニクスの学説は、人間を貶めるものだ」といった考えは出てくるはずもなかったのである。というのも、宇宙の中心は、そんな良い場所ではなかったからだ。

十三世紀ごろからヨーロッパの大学で講じられていたアリストテレスの自然学によれば、月より下の（したがって宇宙の中心に近い）領域は、生成消滅する変転の世界である。物体は、土、水、空気、火という四つの要素からできていて、各要素にそなわる自然本性に従って、上下方向に運動する。たとえば、土（動きのない鈍重なもの）は、下に（つまり宇宙の中心に向かって）澱《おり》のように沈んでいくし、火（軽くて動きのあるもの）は、上に向かう。

一方、月より上の天界は、エーテルという、重くもなく軽くもない第五元素でできており、その自然本性に従って、永遠不変な円運動を続けるとされた。そんなわけで、宇宙の中心は、重くて動きのない、澱のようなものが降り積もって溜まっていく悪い場所だったのである。

それに加えて、キリスト教の通念によれば、人間の暮らす大地の表面はまだましなほうで、さらに中心に向かえば、そこには地獄があった。哲学者アーサー・ラヴジョイが一九二〇年代に鋭くも指摘したように、ヨーロッパ中世の宇宙観は、人間中心どころか、悪魔中心だったのである。

**「人間はうんこのまんなかに住んでいる」**

宇宙の中心は、けっして良い場所ではなく、むしろ忌むべき場所だったことを示す例として、コペルニクスとほぼ同時代——正確には、彼よりほんの少し後——に生きた、フランスの思想家モンテーニュの言葉を聞いてみよう。

モンテーニュは、「宇宙は人間のために作られた」という人間中心的な考えを（コペルニクスもそう考えていたのだが）、馬鹿げた思い上がりとして繰り返し批判した。彼はギリシャ・ラテンの古典に精通した教養人だったので、その批判はアリストテレスの自然学にもとづいている。モンテーニュはこう述べた（『随想録』）。

自惚《うぬぼ》れは我々の持って生まれた病である。すべての被造物の中で最もみじめでもろいものといえば人間であるのに、それが同時にもっとも傲慢なのである。人間はここに世界の泥んこ、うんこのまんなかに住んでいることを、また宇宙における最も悪い最も活気のない低い部分に、天空からもっともかけ離れた下層の宿りに、三つの世界［空界、水界、陸界］の中でもっとも悪い世界に住む動物どもと一緒に、こうしてくぎづけにされていることを、自ら感じもし見もしておりながら、しかも想像によって月の暈《かさ》のそのまた上に突っ立ち、天をその足の下に踏んまえている気分でいる。（関根秀雄訳）

モンテーニュは、人間は自分たちが、「世界の泥んこ、うんこのまんなか」、「宇宙における最も悪い最も活気のない低い部分」に住んでいることを十分に承知していながら、自分がいちばん偉いかのように思い上がっている、と批判する。アリストテレスを学んだ教養人なら、そう考えるのが当然なのである。

そんなわけで、権威あるアリストテレスの世界観によれば、コペルニクスは特権的な場所である宇宙の中心から地球を追い出したのではなく、むしろ卑賤な場所から高貴な場所へと地球を上げ、さらには地球に可動性を与えて天体の仲間入りをさせることにより、地球を（それゆえ人間を）高めたといえよう。

コペルニクスやピコ・デラ・ミランドラの人間中心主義の立場から見ても、人間中心主義を愚かな人間の思い上がりと批判するモンテーニュの立場から見ても、いずれにせよコペルニクスの仕事は、人間を宇宙の中心という「良い場所」から「追い出す」ようなものではなかったのである。

## 「コペルニクスの原理」の誕生

コペルニクスの著書『天球の回転について』が出版されたのは、一五四三年のことだった。それから百年ほどのあいだは、コペルニクスの仕事について、今日言われているような「宇宙の中心から追い出した」という見方はとくに出ていないようである。

転回点となったのは、啓蒙主義の時代に入った十七世紀後半、フランスの知識人フォントネル、またはその周辺の人たちの主張だったとみられる。

フォントネルは、ながらくアカデミー・フランセーズの会長を務め、著作や、当時の知識人の情報交換の場だったサロンでの活動などを通じて科学の普及に努めた人物で、絶大な影響力を振るっていた。その彼が、サロンの主催者らしき知的な女性を相手に、最新の科学知識について語るというスタイルで書いた一般向け教養書の中で、「コペルニクスの原理」の原型と言えるものを打ち出しているのである。フォントネルは作中、こう述べる（『世界の多数性についての対話』）。

わたしとしては彼［コペルニクス］に感謝したいぐらいですね。宇宙の中で一番良い場所［宇宙の中心］に自分を据えた、人間の虚栄心を引き降ろしてくれたのですから。それにわたしは、今や地球は数ある惑星のひとつにすぎなくなったことを、うれしく思っているのですよ。

フォントネルは、コペルニクスは「宇宙の中で一番良い場所に自分を据えた、人間の虚栄心を引き降ろしてくれた」と語っている。これが、いわゆる「コペルニクスの原理」の始まりであるようだ。

フォントネル以前にも、たとえば、さきほど引用したモンテーニュのように、人間の自己中心的なものの見方や考え方を批判する知識人はたくさんいた。しかし、（モンテーニュの例からも明らかなように）人間中心主義の思い上がりを批判するためなら、わざわざコペルニクスの仕事を持ち出す必要はなかったのである――「最低最悪の場所にいるくせに」と言いさえすればよかったのだから。

フォントネルは何を考えていたのだろうか？

じつは、『天球の回転について』が出版されてからも、コペルニクスの地動説はなかなか広まらなかった。コペルニクスの説の正しさを信じるフォントネルは、なんとかその状況を変えたいと思い、当時の啓蒙思潮の広がりのなか、浅はかな人間中心の世界観を打ち砕く新たな思想として、コペルニクスの宇宙論を打ち出そうとしたのではないだろうか。

ともかくも、「コペルニクスは宇宙の中心から人間を追い出し、人間中心主義を打ち砕いた」という、コペルニクスの仕事に対する評価は、十七世紀のフォントネル、ないしはその周辺の知識人が打ち出した新機軸だったようなのである。

## 科学と哲学の分離

「コペルニクスは人間を宇宙の中心から追い出した」という啓蒙主義者のメッセージは強烈だった。その後の思想家たちは、人間の宇宙における寄る辺のなさを、どう受け止めればよいのかを考え続けることになる。

居場所の中心性を失った今、宇宙における人間の位置づけは、どう考えればよいのだろう？　意味のない宇宙の中で、人間はどんな意味をもちうるのだろうか？

カルデア人にとっては意味に満ちていた天の動きが、近代人にとっては無意味になってしまったと言うこともできよう。

宇宙における人間存在の意味を考えるという課題に、どのように取り組み、どんな答えを出したかは、ひとりひとりの思想家によってさまざまだった。しかし、やがてひとつの考え方が浮かび上がってきた。人間存在の意味や人間の尊厳は、物理的な人間の居場所などとは関係がない、という考え方がそれである。大切なのは、物理的な場所などではない。人間には宇宙を認識することができるという事実や、人間精神に宿る道徳性などが、人間を真の意味で特別な存在にしているのであり、それこそが人間の尊厳の根拠なのだ、と。

たとえば、ドイツの偉大な哲学者カントは、科学と哲学が扱う対象は別なのだということを、「わたしの上なる星空と、わたしの内なる道徳法則」という印象的な言葉で表している。

人間の居場所が宇宙の中心でなくなったことは、文豪ゲーテにとっても大問題だった。今日ゲーテはもっぱら文学上の仕事によって知られているが、彼は科学研究にも惜しみなく力を注ぎ、膨大な科学上の著作を残している。ゲーテは、「自分の科学者としての仕事にくらべれば、文学上の仕事などは取るに足りない」という、今日の目からすれば驚くような——そしてそれゆえに、どこか痛ましい——発言をするまでに、科学者としての仕事に自負をもっていたのである。次に引用するのは、コペルニクスの仕事について述べた、ゲーテの有名な言葉である（『色彩論』、歴史編）。

あらゆる発見と信念の中で、コペルニクスの学説ほど、人間精神に多大な影響を及ぼしたものはないだろう。われわれの住むこの世界〔地球〕が、孤立したひとつの球体であることが明らかになるやいなや、宇宙の中心という絶大なる特権を放棄することになったのだから。人間の精神に対し、かくも厳しい要求が突き付けられたことは、かつてなかった。

その学説を認めることで、いっさいが露と消えた——第二の楽園も、無垢の世界も、文芸と信仰も、五感を通して得られる確かさも、そして詩的・宗教的な信念による確かさも。人びとがそれらすべてを手放そうとせず、あらゆる手段でそれ〔コペルニクスの学説〕に抵抗したのもなんら不思議ではない。

しかしこの学説は、それを認める者に対しては、それまで知られていなかった、いやそれどころか予想すらされていなかったこと、すなわち、自由にものを考え、大きな枠組みで物事をとらえるという思想的立場に立つ権利を与え、それに参加するよう誘いかけるのである。

ゲーテがここで言わんとしているのは、場所の中心性を手放すという厳しい試練を乗り越えてはじめて、われわれは人間の真の尊厳に気づくことができた、ということである。

宇宙の中心という位置は、たしかに重要そうに見えるかもしれない。しかし、真に重要なのはそんなことではない。人間が自由意思により考える力をもっていること、そして人間の内面に尊厳を求めうることこそが、真に重要なのである、と。

かくして、カントのいう二つの道は別れた。

ひとつは科学の道である。科学は、人間の尊厳などとは関係なく、われわれの外側に広がる宇宙を明らかにするという目標に向かって突き進む。

そしてもうひとつは、人間の尊厳や価値、人間存在の意味などについて考える、哲学をはじめとする人文学の道である。

少なくとも科学者サイドから言わせてもらえば、両者は完全に切り離され、別々の道を歩んでいたのだった——二十世紀のなかばになって、「人間原理」という考え方が登場するまでは。

# 第2章　天の全体像を人間はどう考えてきたか

## 1　三つの宇宙像

### 宇宙の全体像を求めて

天に関する学問には、「カルデアの知恵」の流れを汲み、天の動きを知ろうとする「天文学」（アストロノミア：星の運行規則）や「占星術」（アストロロギア：星の学問）の系譜のほかに、宇宙の全体像を知ろうとする「宇宙論」（コスモロギア）の系譜がある。

コスモロギアの「コスモ（ス）」は、ギリシャ語で「秩序があること」や「整っていること」を意味し、化粧品、つまり美しく整えるという意味の「コスメティック」も同じ言葉に由来する。英語で宇宙を意味する言葉には、コスモス cosmos のほかにもうひとつ、ユニバース universe があるが、こちらは「ひとまとまりのもの」を意味するラテン語に由来する。

さて、宇宙が全体としてどんな姿をしているのかについては、古くは神話というかたちで、それぞれの文化の中でさまざまに語られてきた。しかし、近代の科学的宇宙像とのつながりということで言えば、紀元前六世紀ごろからおよそ三百年ほどのあいだに古代地中海世界に生まれた、互いに相対立する三つの宇宙像がとくに重要になってくる。

その三つとは、原子論者の「無限宇宙」、プラトンとアリストテレスの「有限宇宙」、そしてストア派の「有限宇宙＋無限空間」である。

### 無限宇宙説

三つのうちのひとつである原子論者の無限宇宙説は、無限に広がる虚空の中を、無数の「原子」（ア・トム、それ以上分割することのできないものという意味）が飛び交い、原子は寄り集まって虚空の中に無数の世界を作るけれども、そうした世界は永続するわけではなく、いずれ原子はバラバラに離散し、やがてまた寄り集まって新たな世界をどこかに作る、ということが永遠に繰り返されるという説である。

今日のわれわれは、広大な宇宙空間に無数の銀河が散らばっていることを知っているので、原子論者の無限宇宙は、むしろ受け入れやすいかもしれない。しかし、古代の人びとにとってはそうではなかった。なにしろそれまでの神話的な世界は、人びとの日常経験を素材として織り上げられた空想の世界だったから、たとえ今日の目からは荒唐無稽に見えたとしても、ともかくも具体的で血肉の通ったイメージで彩られていたからである。

しかし原子論者の無限宇宙はそうではない。それは神々の住まう世界とは隔絶した、極度に抽象的な宇宙像である。いったいどこから、そんな宇宙像が出てきたのだろうか？ひとつの有力な説によれば、無限宇宙説が生まれた背景には、ちょうどそのころ古代ギリシャ世界で起こりつつあった数学、とりわけ幾何学のめざましい発展があったようである。

古代ギリシャの数学は、紀元前六世紀ごろに活躍したピュタゴラスに始まり、彼が設立した教団とその流れを汲む人たちが、ひとつ、またひとつと幾何学の定理を証明するうちに徐々に成果が蓄積されて、紀元前三世紀に、エウクレイデス（ユークリッド）の『原論』（ギリシャ語で「ストイケイア」、基本命題集というほどの意味）としてひとつの頂点に達した——というのが、長らく定説だった。今もたいていの本にはそう書いてあるので、きっとみなさんもそのように記憶しているだろう。

このとき確立した幾何学を、ユークリッド幾何学といい、高校までに習うおなじみの図形の性質は、この幾何学の性質である。しかし『原論』により確立された偉業は、単に数学の一分野の誕生というようなものではなかった。その体系にそなわる論理的明証性と一貫性は、後世、「知の典範」として称えられることになったのである。そのような知的伝統の源流たる人物として、ピュタゴラスもまたきわめて高い位置づけを与えられていた。

しかし近年、そんなピュタゴラスの位置づけはほとんど否定されているようである。というのも、ピュタゴラスの教団はきわめて秘密主義的だったのに加え、ピュタゴラスその人は、あたかも御託宣のような、短い言葉で教えを述べ伝えたとされるが（「万物は数なり」とか「何がもっとも知恵があるものか。数である」などと）、そのようなやり方は、誰にでもわかるような明快な論証をするというスタイルとはなじまないからである。

そもそもピュタゴラスが数学の祖とされたのは、のちの世代の大学者アリストテレスが、『形而上学』という著書の冒頭で哲学の歴史について論じた際に、「ピュタゴラス派と呼ばれる者どもが、マテーマタの探求に専心した」と述べたためだった。しかしマテーマタというギリシャ語は、たしかに英語の mathematics の語源ではあるけれど、もともとは数学に限らず、学問全般を指す言葉だったのである。

古代ギリシャの数学に関する近年の研究によれば、エウクレイデス的と言えそうな様式の仕事は、紀元前五世紀の前半まではほとんど出ていないらしい。ところがその後、紀元前五世紀後半になって、突如としてきら星のような数学者たちが大勢登場する――そうした数学者のなかに、古代原子論の祖デモクリトスもいた。

ユークリッド幾何学の進展に関する従来の説は、小さな成果が徐々に蓄積されていったという意味で「漸進説」と呼べるのに対し、近年有力になっているのは、紀元前五世紀後半からほぼ一世代から二世代ほどの短いあいだに、論証的な数学の方法が爆発的に発展したとする、「激変説」である。

たしかにあらためて考えてみると、論証数学の方法がいったん発見されてしまえば、それからの進展は早かったのではないだろうか。ユークリッド幾何学の証明をどれかひとつでもできる者は、『原論』に示された四百以上もある定理の多くを（それほどきれいにではなくとも）証明できてしまうのではないだろうか？　定理がひとつひとつ、ぽつりぽつりと証明されていくというのは、現実的ではないのでは？

詳細な研究によれば、すでにアリストテレスは、今日のわれわれがエウクレイデスの『原論』に見るものと、ほとんど変わらないスタイルの数学に接していたという。

そうだとすると、原子論の祖デモクリトスが活躍したまさにその時代に、ユークリッド幾何学の体系が急速に整備されたことになる。古代の原子論者たちは、こうした発展にともなって浮かび上がってきた幾何学的な空間概念にもとづき、無限空間の中で無数の原子が離合集散を繰り返し、さまざまな構造が生まれては壊れるという宇宙像を提唱したのではないかと考えられるのである。

原子論者は、神の存在をはっきりと否定したわけではなかった。しかし、もしも神が存在するなら、それもまたわれわれと同様に、原子でできているということになるため、無神論のそしりを免れない。のちにキリスト教が支配的な時代になると、原子論はおぞましい無神論者の思想として袋叩きの憂き目を見ることになった。

## 有限な「コスモス」

古代地中海世界で生まれた二つ目の宇宙像は、今度こそほぼまちがいなくピュタゴラスに発し、プラトンからアリストテレスへと引き継がれた、有限な「コスモス」像である。コスモスという言葉通り、それは秩序ある宇宙だった。

もともとピュタゴラスは、「大地は球形をしており、他の天体とともに、宇宙の中心火のまわりに円を描いて運動している」と考えていたと伝えられている。つまりは、一種の地動説である。

プラトンはピュタゴラスの説を引き継ぎながらも、「宇宙の中心火」の代わりに、大地(地球)を宇宙の中心に置き、神々(天体)は高いところに上げて、惑星たちは、地球のまわりに同心球状の幾何学的秩序をもって運動していると考えた。宇宙のいちばん外側——宇宙の果て——には、星のちりばめられた恒星天があった。

プラトンによれば、宇宙は永遠ではありえない。なぜなら、永遠なるイデアとは異なり、この宇宙は生成されたもの、つまりどこかの時点で誕生したものでなければならないからである。そこでプラトンは、デミウルゴスという者が、イデアに似せて宇宙を作ったのだと語った。プラトンの天地創造は、奇跡的な「無からの創造」ではなかったが、ともかくも「宇宙は作られた」というその説は、ユダヤ＝キリスト教の天地創造説と相性が良かったため、のちのキリスト教神学とは衝突せずにすんだ。

ピュタゴラスからプラトンへと引き継がれたコスモス像をもとに、万学の祖アリストテレスは、分厚い学問体系に基礎づけられた宇宙論を作り上げた。

アリストテレスは「自然は真空を嫌う」と述べたことで知られている。彼にとって真空とは、単に物質が存在しないというだけでなく、物質が占めるべき場所もなく、考えることさえもできない正真正銘の無だった。真空の存在を認めない以上、宇宙はまるごと「物体」だということになる。物体はなんにせよ面で囲まれていなければならず、面で囲まれたものが無限に大きいということはありえない。したがって宇宙は有限である、というのがアリストテレスの考えだった。

また彼は、「無限なものは円運動をすることができない。しかし天は明らかに円運動をしている。したがって天は無限ではありえない」とも述べている。たしかに晴れた夜空を眺めていると、星のちりばめられた天空は明らかに円運動をしている。その円運動をしている天までの距離が無限であるはずがない、という考えは、じつにもっともだという気がしてくる。

素朴な直接的経験からはかけ離れた今日の科学的知識をいったん棚上げにして、自分が目にしているものと論理だけにもとづいて考えるなら、みなさんもきっと、アリストテレスに反論するのはなかなか容易ではないことに気づかされるだろう。

アリストテレスの宇宙は、プラトンのそれと同じく空間的には有限だったが、時間的には無限だったため、神が天地を創造したというキリスト教神学の立場から、のちに問題視されることになった。

## ストア派の宇宙像

三つ目に登場するのが、ストア派の宇宙像である。

ストア派というと、学問というより道徳を説いた人たちだと思っている人が多いのではないだろうか。「ストア派って、学問もやったの?」と思う人もいるかもしれない。じっさいストア派の学説は、大衆受けを狙って既存の学説を節操なく借用したつぎはぎの理論のように言われることもあるほどで、哲学史上の位置づけは軽くなりがちだった。自然学や宇宙論の分野ともなれば、その扱いはさらに軽く、科学史でストア派が取り上げられることはまずめったにない。

そうなってしまった理由のひとつは、後世の人びとが、ストア派にはもっぱら生き方の指針のようなものを求めたことだろう。ストア派の説く生き方は、キリスト教の教えとも相性が良かったため、長きにわたり深甚な影響力を振るうことになった。たとえば、きっとみなさんも使ったことがある「ストイック」という言葉は、ストア派が説いた生き方の理想に由来する。

もうひとつ、ストア派の学問に対する評価が低くなりがちだった理由として、後世の人びとがそれについて知ろうとすれば、他の学派、とりわけプラトンを創設者とするアカデメイア派の立場から、批判的な観点で書かれた文章を通すことになりがちなためでもある。激しい論戦を戦わせたライバル学派が書いたものを通して評価されるというのは、ストア派にとってはアンフェアな状況と言わなければならない。

しかし、道徳的な教えがストア派のすべてではないし、つぎはぎでご都合主義であるどころか、むしろ緻密で論理的な議論と学問の体系的一貫性が、当時の人びとも認めるストア派の特徴であった、というのが、今日の専門家が指摘するところである。

さてそのストア派にとって、宇宙（コスモス）は「生き物」だった。生き物である宇宙は、種子（スペルマ）と液体（経血）が混じりあって誕生する。そうして誕生した宇宙は成長し、やがて火に包まれて滅びてはよみがえり、そのサイクルを永遠に繰り返すとされた。

（ちなみに、宇宙が周期的に火に包まれ、新たに生まれ変わるプロセスのことを、ストア派は「エクピュロシス」（「火から生じる」という意味）と呼んだ。近年、物理学者ポール・スタインハートとニール・テュロックが、宇宙が高温状態の誕生と、冷え切った終末とを繰り返すというサイクリックな宇宙モデルを提唱し、「エクピュロティック・モデル」と名付けたので、あるいはこの言葉をご存じの方もいるかもしれない。スタインハートとテュロックが、自分たちのモデルにどんな名前をつけたらよいだろうかと、同じ大学の古典学者のところに相談に行ったところ、その学者は、ぴったりの言葉があると言って、ストア派の「エクピュロシス」を教えてくれたのだという。）

ストア派はまた、全体（ホロン）と万有（パーン）とを区別した。生き物としての宇宙（コスモス）は、全体（ホロン）である。それに対して万有（パーン）は、コスモスとその外側にどこまでも広がる何もない虚空を合わせたものだとされた。つまりストア派は、万有は「コスモス＋無限空間」であるという宇宙像を提唱したのである。

## 宇宙の果てはどうなっているのか？

ストア派の宇宙（コスモス）は、誕生しては成長し、終末のときには膨らむため、ゆとりのスペースが必要だった。そうなると、プラトンの流れを汲む人びとの説く、かっちりとした有限宇宙では具合が悪い。そこでストア派は、アルキュタスという人物が提起した問題をもち出して、ライバル学派の有限宇宙説を批判した。

アルキュタスはプラトンの友人で、常勝将軍と称えられた軍人にして政治家でもあり、音楽、天文学、物理学の分野で優れた仕事をし、古代世界ではきわめて高く評価されたピュタゴラス派の学者だった。そのアルキュタスが、

**図2−1　アルキュタスのパラドックス。宇宙の果てまで行って、そこから槍を投げたら、その槍はどうなる？**

「しかし、宇宙の果てとは何だろうか？」と問いかけたのである（図２－１）。

もしも宇宙に果てがあるなら、なんとかしてそこまで行き、そこから外に向かって槍を投げたとしたら、その槍はどうなるのだろうか？　槍はこの世から消滅するのだろうか？　それとも壁のようなものにぶつかって、はね返ってくるのだろうか？　その壁はどれぐらい厚いのだろうか？　壁の向こうはどうなっているのだろうか？

アルキュタスは槍投げのパラドックスにより、宇宙に果てがあるとすれば厄介な問題が生じるということを示したのである。

## 古代地中海世界の三大宇宙モデル

**1、無限宇宙**（宇宙に果てはない）
**2、有限なコスモス**（宇宙には果てがある）
**3、コスモス＋無限空間**（コスモスには果てがあるが、万有には果てはない）

幾何学の観点からすると、アルキュタスのパラドックスは、空間はどこまでも続いていなければならないことをほのめかしていた。ユークリッド幾何学の体系が整備されてからは、当然ながら、その空間ではユークリッド幾何学が成り立っているものとみなされることになった。空間に果てがないからといって、必ずしも無限でなくてもよいこと――非ユークリッド幾何学の可能性――が数学者により示されたのは、ようやく十九世紀もなかばのことである。

こうして古代地中海世界に生まれた三つの宇宙像が出そろった。原子論者の過激な「無限宇宙」モデル。やはりピュタゴラスをルーツとし、プラトンからアリストテレスに引き継がれた「有限なコスモス」モデル。そしてストア派の「コスモス＋無限空間」モデルである。

人びとの暮らしと密接に結びついた暦の作成にかかわる天文学の分野では、驚くほど精密な「導円‐周転円モデル」が有力だったことを思えば、ちょっと意外な感じがするかもしれないが、宇宙論の分野では、こうした思弁的で定性的なモデルが引き継がれていくのである。

## 2　ニュートンの宇宙が抱える深刻な問題

### 恐るべき「悪徳の書」

原子論はデモクリトスから、紀元前四世紀なかばに生まれた哲学者エピクロスに引き継がれることになった。

エピクロスの名を冠する学派は、原子論者の唯物論的な自然観にもとづいて、神々のような超自然的なものが人間に干渉すると考えることから生じる恐れや不安などを取り除くことにより、平静な心に到達することを目指した。そんなエピクロス派の教えは、人びとを迷信から解放してくれる開明的な思想として、紀元前三世紀から紀元後三世紀にいたる六世紀の長きにわたり、地中海世界の知識人のあいだで支持されていたのである。

しかし五世紀に西ローマ帝国が崩壊し、キリスト教が広まって力を持つようになると、原子論は唾棄すべき無神論として徹底した弾圧を受けることになった。紀元前一世紀に生きたローマの思想家ルクレティウスが、『ものの本性について』という書物を著して、エピクロスの思想を詳しく紹介したが、その本もまた恐るべき悪徳の書、悪魔の思想として攻撃され、一部残らず失われてしまったものとみられていた。

ところが十五世紀になって、ルネサンスの華やかなりしイタリアで、古代の書物を探し出して収集することに情熱を傾けていた人物が、とある修道院の図書館で、ルクレティウスの『ものの本性について』を偶然にも発見する。ただならぬ内容の書であることはすぐにわかったが、そこに盛られた思想の全容が明らかになるころまでには、発見から半世紀あまりの時間が経っていた。

恐るべき無神論の書物であることが判明すると、『ものの本性について』を講義で取り上げることは禁じられたりもしたが、しかしそのころにはすでに、写本が知識人のあいだにひそかに広まり、もはや回収は不可能となっていた。

たとえば、若き日のマキャベリは、『ものの本性について』をまるまる一冊、自ら書写し、所有していたことが現代の研究により明らかになっているし、前章で登場した知識人モンテーニュは『随想録』の中で、ルクレティウスの文章を百ヵ所以上も字句通りに引用している。こうして、古代の原子論と無限宇宙の考え方はよみがえり、知識人のあいだにじりじりと支持を広げていった。

## ニュートンの宇宙イメージ

宇宙像の歴史において、次なる一歩を踏み出したのは、近代物理学の基礎を敷いた巨人であり、隠れもない原子論者だったアイザック・ニュートンである。

若いころはニュートンも、ストア派的な宇宙像を抱いていたらしい——無限に広がる空間の中に、星の領域があるという宇宙をイメージしていたのである。ニュートンは、時間と空間は両方とも永遠にして無限であると考えており、それについては生涯考えを変えなかった。つまり彼は、時間と空間は天地創造の対象外だと考えていたのである。ニュートンにとって、神が創造したのは物質世界だけだった。

では、その物質世界を、神はどのようなものとして創造したのだろうか？　ニュートンはその点に関して、『プリンキピア』を書き上げたころを境に考えを変えたようである。『プリンキピア』とは、正式名称を『自然哲学の数学的諸原理』といい、古典力学を確立し、ニュートンの重力理論（いわゆる万有引力の法則）を打ち出した、近代自然科学の歴史上おそらくはもっとも重要な著作である。

その新しい宇宙像について、ニュートンは『プリンキピア』の中ではほとんど何も述べていない。しかしありがたいことに、彼の宇宙像を知るうえで重要な資料が残されている。偉大な古典学者にして自然科学にも造詣の深かった、ケンブリッジ大学トリニティカレッジの学寮長、リチャード・ベントリーとのあいだで交わされた往復書簡がそれである。

ベントリーは、気体の性質に関するボイル＝シャルルの法則に名を残すロバート・ボイルが、「信仰によってではなく、理性によって無神論者を論駁する」という目的で設けた、ボイル記念講座の第一期担当者に任命された。無神論者と戦うための武器としてニュートンの新しい自然哲学を採用することにしたベントリーは、ニュートンの哲学を自分が正しく理解しているかどうかを確かめるために、ニュートン本人に手紙でいくつか質問をしたのである。

ニュートンはベントリーからの質問への返事として、自分の宇宙イメージを次のように語った。

もしも物質分布の広がりが有限だとしたら、重力の作用により、物質は質量中心に集まり、ひとつの巨大なかたまりになってしまうだろう。それを避けるためには、物質は中心のない無限空間に散在していなければならない。そのような無限の系では、粒子は全方位から無限大の力で引っ張られるので、無限大の力同士が打ち消し合って、釣り合いをとることができるだろう。ただし、その釣り合いはたいへんデリケートで、星の存在するすべての点で、尖った針の先端を下にして立てるような、精密なバランスが成り立っていなければならない。そして、この宇宙でそんなみごとなバランスが取れていることこそは、神が存在する証拠にほかならない、と。

つまり、ニュートンの最新の重力理論によれば、物質は奇跡的なバランスで無限宇宙に分布していなければならず、そのことが「宇宙論的な神の存在証明」になる、というのだ。

絶対空間と絶対時間にもとづくニュートンの古典力学体系は絶大な成功を収め、ニュートンの無限宇宙は、それから二百五十年にわたり科学的宇宙像であり続けた。しかしその宇宙は、神がたえず介入していなければ重力崩壊する宇宙だったのである。

## アインシュタインの挑戦

ニュートンの無限宇宙に潜んでいたこの深刻な問題に立ち向かったのが、二十世紀が誇る知の巨人、アルベルト・アインシュタインである。

一九〇五年にアインシュタインはまず、ニュートンの絶対空間と絶対時間を解体し、新たに「時空」という概念をもたらすことになる特殊相対性理論を発表した。それからおよそ十年後の一九一六年、彼はその特殊相対性理論に重力を取り込んだ一般相対性理論を発表する——それはニュートンの重力理論を包含する、アインシュタイン版の重力理論だった。

こうして新しい重力理論を手にしたアインシュタインはすぐさま、ニュートンの宇宙像に巣くっていた大問題――すなわち、神がたえず介入していなければ重力崩壊するという問題――に取り組んだ。そして彼が出した答えが、翌一九一七年の論文、『一般相対性理論の宇宙論的考察』（以下『宇宙論的考察』）である。

アインシュタインは、ニュートンの重力理論によれば、無限空間に物質が均一に分布していれば重力崩壊が起こるということを、深刻な問題と受け止めていた。彼はそんな崩壊がたしかに起こるということを、一般向けにやさしく証明してみせてさえいる。

したがって、物質が無限空間に均一に分布しているということはありえず、ニュートンの理論によれば、星の領域は、「（絶対）空間という無限の海に浮かぶ、有限の島になっていなければならない」とアインシュタインは述べた。それは一種のストア派的な宇宙である。

ところがそのストア派的なヴィジョンも破綻するということを、アインシュタインは示したのである。

アインシュタインが、「無限空間＋星の領域」という宇宙像の矛盾を示すために使った論法は、おおよそ次のようなものだった。

彼はまず、ひとつひとつの星は、気体分子のように振る舞うと仮定した。アインシュタインは、自家薬籠中の「気体分子運動論」(彼はこの分野の達人なのだ)を、星の運動にあてはめたのである。

はじめに、「星の領域」がお碗のような入れ物の中に閉じ込められているものとイメージしてみよう(ここでいう「お碗」は、何かの物質でできた硬いお碗ではなく、重力ポテンシャル・エネルギーのことである)。もしもお碗の縁の高さが有限なら、気体分子運動論の速度分布によれば、その縁を乗り越えて、お碗から飛び出してしまう星がかならず存在する。しかも、そういう飛び出しが繰り返し何度でも起こる。星が星の領域から飛び出していく、「星の散逸」が起こってしまうのである。

では、お碗の縁の高さを無限大にしたらどうだろう? この場合もうまくいかない。なぜなら、縁の高さを無限大にすると、どうしても非常に大きな速度をもつ星が出てきてしまうからだ。観測によれば、星の速度は(光の速度にくらべて)きわめて小さい——アインシュタインにとって、そのことは譲れない条件だった。結局、お碗の縁の高さが有限でも無限でも、「星の領域」の境界をうまく設定できないことが示されたのである。

では、どうすればよいのだろうか?

さいわいにもアインシュタインは、昔の人たちには使えなかった道具をもっていた。十九世紀のなかばにゲオルク・ベルンハルト・リーマンという天才数学者が発見した、リーマン幾何学がそれだ。一般相対性理論は、そのリーマン幾何学という基礎の上に作り上げられていたのである。

## リーマン幾何学

古代に打ち立てられたユークリッド幾何学は、長らく唯一の幾何学として君臨してきたが、十九世紀になり、それとは別の幾何学もありうることがわかってきた。ユークリッド幾何学における平面は、無限に広がる平らな面である。それに対して、たとえば、円板が世界のすべてであるような幾何学を考えることができる。

きっとみなさんもご存じの、版画家のM・C・エッシャーによる『サークルリミットⅣ（天国と地獄）』と題する作品は、そんな円板世界を表しているとみることができる（図2－2）。この円板世界では、円板の中心から

図2–2　M.C.エッシャー『サークルリミットⅣ（天国と地獄）』

外側に向かってどんどん歩いていっても、円板の縁にはけっしてたどりつかない。

しかし、あなたがこの作品の上で指をすべらせれば、指はすぐに縁にたどりつくだろう。あなたは、「たどりつかないって、どういうこと?」と釈然としない気持ちになるかもしれない。まさにそこが、このモデルの不思議なところなのである。

エッシャーは、この二次元の円板世界の性質を、そこに住む天使(悪魔)の体がどんどん小さくなるように描くことにより、みごとに表現した。われわれから見れば、天使(悪魔)たちが円板の縁にたどりつかないのは、彼らの体がどんどん小さくなるからだ。しかし円板世界に住む彼らにとってみれば、自分の体には何の変化もなく、円板の縁は、永遠にたどりつくことのできない無限の彼方にある。それが、数学的に定義されたこの世界の性質なのである。

もうひとつ、地球儀としておなじみの球面世界を例にあげよう(図2-3)。現実の世界とのちがいは、この球面世界の住民にとっては、球の表面だけがすべてであり、球の内部も外部も存在しないということだ。

この曲がった二次元世界では、いわゆる「大円」が直線となる(一次元高い三次元の世界に住むわれわれの観点から言えば、大円とは、球の中心を通る平面と、球面との交わりである)。赤道と北極を結ぶ二本の直線と、赤道(これ自体も直線である)で囲まれた三

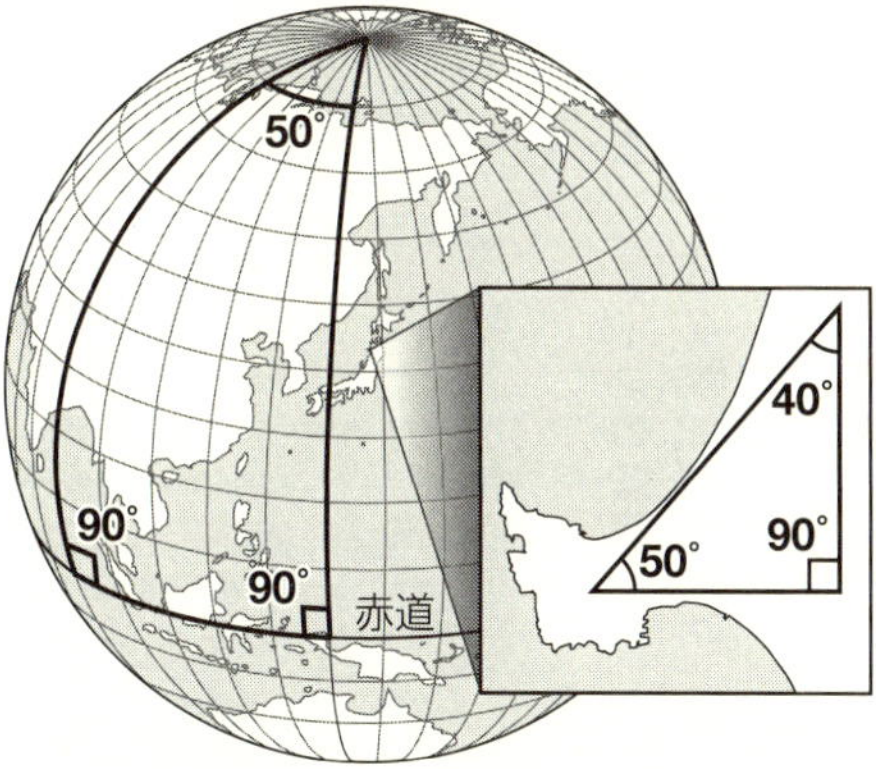


**図2-3　球面世界の幾何学。球面上に大きく描いた三角形の内角の和は180度よりもかなり大きくなる。一方、男鹿半島のような小部分に描いた三角形の場合、内角の和はほぼ180度になる。**

角形を考えると、その内角の和が百八十度よりもずっと大きくなる。一方、球面上に生きる住民の日常感覚では、世界がカーブしているとは感じられず、ローカルな三角形の内角の和も、ほぼ百八十度になる。

しかしこうした奇妙な幾何学――「非ユークリッド幾何学」――が発見されてからも、一風変わった観点からの面白い解釈にすぎないとみなされ、数学者のあいだでもほとんど注目されなかった。

だがリーマンの登場により、そんな状況が変わりはじめる。リーマンは、幾何学的な空間のいたるところで、空間が自由に伸び縮みできるような幾何学――リーマン幾何学（微分幾何学）――を創始したのである。

エッシャーの『天国と地獄』では、円板の中心から縁に向かうにつれて空間が伸びていった（あるいは外から見れば、天使または悪魔の体が小さくなった）が、それと同様の空間の伸び縮みが、いたるところで起こってもよいことになったのだ。つまりリーマンの幾何学をつかえば、いたるところでぐにゃぐにゃに曲がるような空間を扱うことができるのである。

さらに、空間の各点での伸び縮みのようすがわかれば、その点における空間の「曲率」――空間の歪み具合――も決まる。曲率が大きいということは、空間の歪み具合も大きいということだ。また、曲率がいたるところでゼロならば、それはおなじみのユークリッド幾何学が成り立つ空間である。

**アインシュタインの解答**

リーマンの奇妙な幾何学の世界は、あくまでも技巧的な数学の世界の話だとみなされ、現実の物理的世界と結びつけて考える者はいなかった。

ところがアインシュタインは、現実の世界を記述するべき一般相対性理論を、そんなぐにゃぐにゃのリーマン幾何学にもとづいて作り上げたのである。

空間の歪み具合がいかようにもなるとすれば、想像を絶するほど複雑な話になるだろうと思うかもしれない。それはその通りなのだが、ありがたいことに、全体としての宇宙の形をおおざっぱに捉えたいだけなら、空間のいたるところで、歪み具合が（つまり曲率が）一定であるような空間だけを考えればよい。すると、そんな空間には、わずか三つのタイプしかないことがわかるのである。図２‐４には、その三つの空間を、二次元平面として模式的に表した。

いたるところで曲率が一定で、正の値を持つとき、その宇宙は（二次元空間で言えば）球面のようになっていて、「空間的に閉じている」と言われる。そこでは三角形の内角の和が百八十度よりも大きくなる。曲率がいたるところでゼロのときは、宇宙は平坦でユー

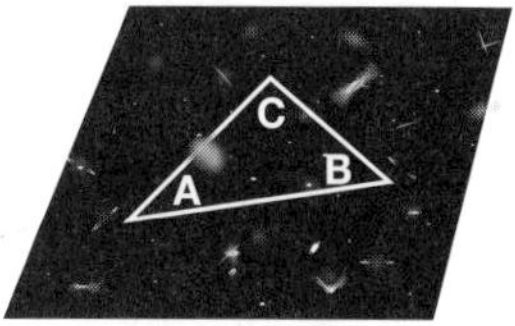


平坦な宇宙
ユークリッド幾何学が成立
A＋B＋C＝180 度

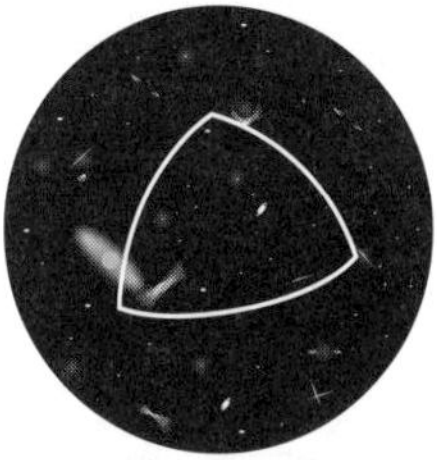

閉じた宇宙
A＋B＋C＞180 度

開いた宇宙
A＋B＋C＜180 度

**図2-4　いたるところで曲率が一定であるような三種類の空間（二次元平面の場合）。**

クリッド幾何学が成り立ち、三角形の内角の和はちょうど百八十度になる。そして、曲率がマイナスの値のとき、「空間は開いている」と言われ、三角形の内角の和は百八十度よりも小さくなる。

アインシュタインは、もしも宇宙が空間的に閉じているなら、ちょうど地球儀上で「地の果て」北極や南極のむこうにも地面が続いているように、宇宙には果てというものがなくなるから、境界から星が飛び出してしまうという問題そのものが解消すると主張した。

球の表面積は有限な値をもつにもかかわらず、その表面上をどこまで歩いていっても「地の果て」にはけっしてたどりつかない——つまり、球の表面は、有限だが果てはない。それと同じように、空間的に閉じた宇宙は、有限であるにもかかわらず、中心もなければ果てもないのである。

そして一般相対性理論によれば、空間的に閉じた有限な宇宙では、ニュートンの無限宇宙に付きまとっていた、神がたえず介入しなければ重力崩壊を起こしてしまうという困難も、ストア派的な宇宙に起こる「星の散逸」という困難も回避できるということを、アインシュタインは示したのである。果てがないのだから、当然ながら、「宇宙の果て」をめぐるアルキュタスのパラドックスも解消する。

かくしてアインシュタインは、リーマン幾何学にもとづく一般相対性理論を使って、二千五百年来の謎だった「宇宙は全体としてどんな形をしているのか？　宇宙に果てはあるのか？」という問いに、ひとつの答えを与えたのである。

**物質は宇宙空間に均一に分布している？**

アインシュタインは、その閉じた空間の中に、物質が均一に分布しているものと仮定した。

しかし現実には、物質は均一になど分布してはいないということを、アインシュタインは重々承知していた。その当時、宇宙の中の「星の領域」は、われわれの銀河系ただひとつだけだという、「単一銀河説」が広く支持されていた――物質は宇宙空間の中で島のようにひとつにまとまっているという、ストア派的な宇宙像が主流だったのである。

アインシュタインもまた単一銀河説を支持していた。親しい研究仲間だったオランダの天文学者ド・ジッターは、空にぼんやりと見える光の雲のようなもの（星雲）は、はるかかなたにある、われわれの銀河と同様の銀河かもしれないと言っていたが、アインシュタインは証拠不十分だとして、その銀河多数説を採り入れなかった――じっさい、当時はまだ証拠不十分だったのである。

銀河系の星たちが、平たいパンケーキ状に分布しているということは、十八世紀末には

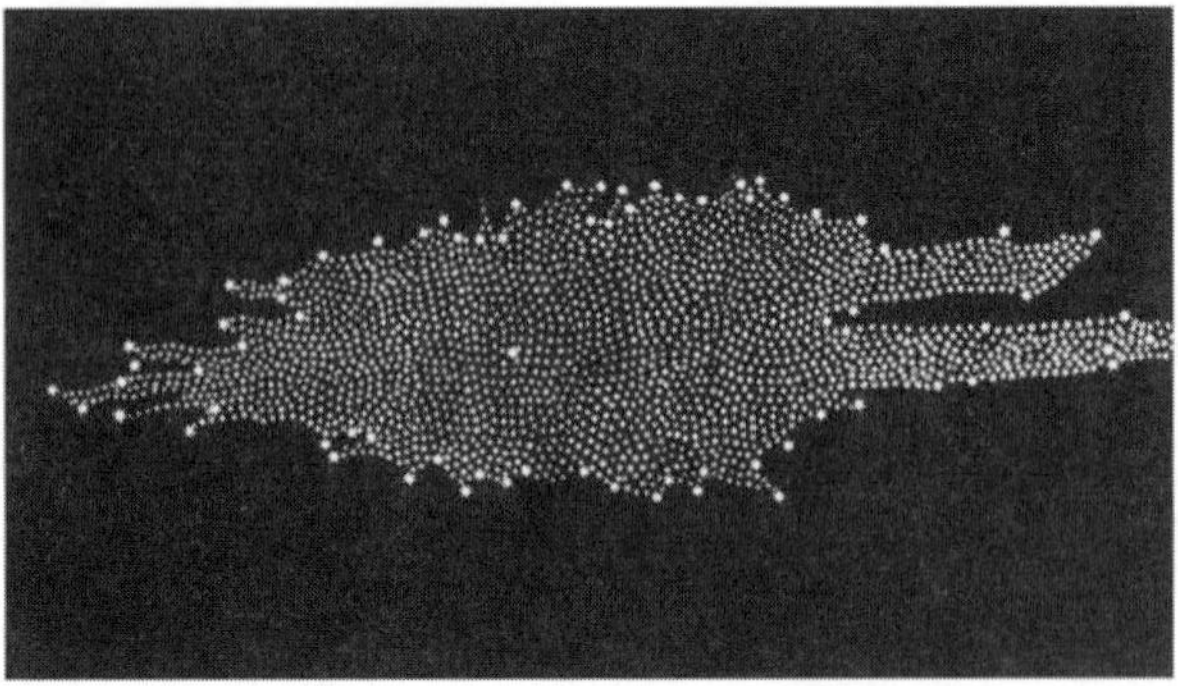

図2-5　18世紀末にウイリアム・ハーシェルが観測にもとづいて描き出した星の分布。われわれの太陽は分布の中心にある。

すでに知られていたし（図２－５）、一九一三年にはエドウィン・ハッブルが、最新の観測データによってそれを裏付けてもいた。つまり星たちはパンケーキ状の構造を作っているのであって、宇宙全体に均一に分布しているわけではないということだ。

そこでアインシュタインは『宇宙論的考察』の中で、「（物質が均一に分布しているという仮定が）観測と一致しないことは、ここでは重要ではない」と、ひとこと断りを入れた。今は宇宙の大まかな特徴を捉えようとしているのだから、観測されている星の分布との食い違いは、当面気にしないことにする、というのである。アインシュタインはド・ジッターへの手紙の中で、「〝星の領域〟の構造について、観測でもう少し確かなことがわかるまでは」、均一に分布していると仮定するのもやむを得ないと説明している。

**便利な仮定——宇宙原理**

今日、宇宙論の分野では、「宇宙の物質は均一に分布している」という仮定——もう少し詳しく言うと、「宇宙は、どの地点でどの方角を見ても、ほぼ同じに見える」（科学者はこれを「一様等方性」という）という仮定——のことを、「宇宙原理」と呼んでいる。そして、宇宙原理はアインシュタインが『宇宙論的考察』で導入した仮定だと言われることが多い。

しかし今見たように、アインシュタインは、物質は宇宙に均一に分布などしていないということを認めていたし、「物質分布は均一だ」という仮定を、「宇宙原理」などという大げさな名前をつけて派手に導入したわけでもなかった。アインシュタインはそれが当面の仮定にすぎないことを認めつつ、それでも、非常に大きなスケールで見れば、宇宙が一様等方になっていないとは考えにくいという直観にしたがって、あえてそう仮定することにしたようである。

じつは、「宇宙原理」という言葉を作ったのはアインシュタインではなく、エドワード・アーサー・ミルンというイギリスの宇宙物理学者だった。ミルンは一九三〇年代に宇宙論の分野を牽引した研究者のひとりだが、一九三五年に発表した『相対性理論、重力、世界の構造』という著作の中で、「アインシュタインの宇宙原理（Einstein's cosmological principle）」という言葉をはじめて使ったのである。

一九一七年にアインシュタインの『宇宙論的考察』が世に出ると、「物質は宇宙に均一に分布している」、ないしは「宇宙はどこも同じに見える」という仮定は、宇宙論の研究者たちにあっさりと受け入れられ、ミルンが活躍した一九三〇年代には、「アインシュタインの宇宙原理」と呼ぶのが自然に思われるほどに定着していたのだった。

アインシュタイン自身は、その仮定が「観測と一致しない」ことを認めていたにもかかわらず、宇宙の全体像に関する——宇宙はどこも同じだという——重大な主張を、研究者はいともたやすく受け入れたのである。そうなった理由は、ひとつにはアインシュタインの名声のためであり、もうひとつには、そう仮定すれば一般相対性理論の重力場方程式が非常に簡単になるためだろう、と指摘する科学史家もいる。

今日、宇宙原理は、「現代宇宙論の基本のキ」のような位置づけになっている。宇宙論について書かれた一般向けの本では、宇宙にどんな構造があっても（太陽系、銀河系、銀河団、超銀河団、グレートウォール……等々）、いっそう大きなスケールで平均すれば物質分布は均一になるから、宇宙原理が成り立っているのである、と説明されることが多い。

なるほど、どんどん大きなスケールで平均してみれば、物質分布は均一になるだろう。それが平均というものだからである。しかし平均すれば均一だという説明は、あまりにも当然すぎて一種のトートロジーであり、ちょっとインチキっぽい感じがするのではないだろうか。じっさい、非常に大きなスケールで宇宙がどうなっているかなど、誰も知らないのだから。

ここでは、宇宙原理がたしかに便利な仮定であることを認めたうえで、アインシュタインは宇宙原理という言葉を使ったわけではなく、均一性の仮定が観測と合わないのを認めていたこと、そして、非常に大きなスケールで宇宙がどうなっているかは、今なお誰も知らないということを押さえておこう。

## 3 変化しない宇宙像vs.変化する宇宙像

### ビッグバン・モデルの登場と猛反発

ニュートンの無限宇宙は、永遠不変の時間と空間（彼はそれを「絶対時間」、「絶対空間」と呼んだ）という枠組みの中に、物質が絶妙なバランスで分布している宇宙だった。

そのニュートンの宇宙に潜んでいた困難――神が介入しないと重力崩壊を起こすこと――を解決する宇宙モデルとして提案されたアインシュタインの宇宙もまた、全体として変化することのない定常的な宇宙である。

しかし一般相対性理論が一九一六年に発表されてしばらくすると、理論的には宇宙が全体として変化する可能性が指摘されはじめる。一九二二年に、ソ連の数学者アレクサンドル・フリードマンが、次いで一九二七年にはベルギーの物理学者で、カトリックの司祭でもあるジョルジュ・ルメートルが、一般相対性理論の重力場方程式は、宇宙空間が全体として膨張する可能性を含むことに気づいたのである。

素朴に考えれば、もしも宇宙が膨張しているなら、宇宙は過去のある時点で誕生したということになりそうだ。なぜなら、膨張宇宙の時間を逆回しにして過去にさかのぼれば、宇宙は次第に収縮して小さくなり、しまいには一点にまで縮むはずだからである——その瞬間を、宇宙誕生のときと考えることができよう（図2－6）。

膨張宇宙の理論的可能性を発見した二人のうち、フリードマンはその数学的な論文を発表してまもなく、若くして亡くなったが、ルメートルのほうは、宇宙ははじめ巨大な原子のようなものだったが（それを彼は「原初の原子」と呼んだ）、つぎつぎと分裂を繰り返すことで膨張しながら大きくなったという、今日で言うところの「ビッグバン・モデル」の原型となるモデルを提唱する。ルメートルは当時注目を浴びていた放射性元素にヒントを得て、そのモデルを考え出したのだった。

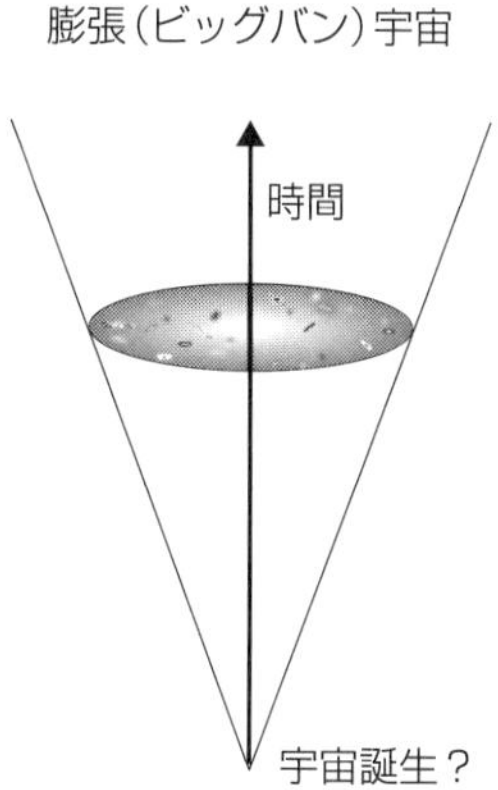


**図2-6　膨張する宇宙。時間をさかのぼれば、どこかの時点で宇宙が誕生したことになる。**

今日のわれわれは、ビッグバン・モデルにすっかり慣れ親しんでいるので、宇宙は過去のある時点で誕生したと言われても、とくに驚きはしない。しかし、提唱された当時はそうではなかった。

宇宙が「誕生した」というからには、宇宙を誕生させた何者かが存在するにちがいなく、その何者かは「神」ということになりそうだった。そんなあからさまに宗教臭い説を、カトリックの司祭だというルメートルが唱えたとあって、ほとんどの物理学者は激しく反発した。アインシュタインもルメートルに面と向かって、「あなたの数学は正しいかもしれないが、あなたの物理学は忌まわしい」と言ったというから、相当なものである。じっさい、その当時は多くの物理学者が、宇宙には始まりがあるというその説を、キリスト教の逆襲だと受け止めたのだった。

たしかに、ルメートルの説く宇宙誕生のシナリオは、それより千五百年ほど前に聖アウグスティヌスの語った宇宙創造のプロセスと、気味が悪いほどそっくりだった。

アウグスティヌスはキリスト教の歴史上、もっとも尊敬される人物のひとりであり、その魂の遍歴をつづった著作『告白』は、今日なお世界中で読み継がれている。わたしがはじめてアウグスティヌスの『告白』を読んだのは、一九八〇年代の後半のことだった。彼の半生の回想に当たる前半部分（岩波文庫『告白』上巻）を読み終え、有名なアウグスティヌスの時間論が含まれる後半（下巻）に進んだとき、わたしは「えっ！」と驚いた。アウグスティヌスが、神の全知全能性にもとづいて論証する時間と空間の創造が、ビッグバン・モデルが描き出す宇宙誕生の考え方に酷似していたからである。

そこでわたしは当然のごとく、こう考えた。カトリックの司祭だったというルメートルの膨張宇宙説は、キリスト教神学に根ざしていたとみてまずまちがいないだろう。キリスト教文化圏である西欧でビッグバン理論がすんなり受け入れられたのは、そんな宗教的な土壌があったからなのだ、と。

しかし、その後知ったことだが、わたしのその考えは、偏見にもとづくありがちな思い込みだった。「ビッグバン理論はキリスト教思想から生まれたのだろう」というのも、「欧米にはキリスト教の土壌があるから、ビッグバン理論はすんなり受け入れられたのだろう」というのも、的はずれな憶測にすぎなかったのである。

現実には、ルメートルは信仰と科学という二つの道を切り離しておくことに心を用い、なおかつその両方を生涯追求した希有な人物だったし、キリスト教神学との類似性は、ビッグバン理論にとって大きなハンデにはなっても、何の得にもならなかったのである。キリスト教文化圏の物理学者たちは、ビッグバン・モデルを歓迎するどころか、科学に宗教を持ち込むものだとして攻撃した。物理学においては、宗教的な匂いがすることはマイナス要因にしかならないのである。

## 宇宙が膨張している証拠

そんなわけで、当初は猛反発をくらったビッグバン・モデルだったが、まもなく観測方面から、宇宙空間が膨張していることを示す驚くべきデータがポツポツと出はじめた。

さまざまな銀河を観測したところ、遠い銀河ほど大きな速度でわれわれから遠ざかっていることが示唆されたのである。遠い銀河ほど大きな速度で遠ざかるように見えるのは、空間そのものが膨張している場合である（図2－7）。

結局、「遠い銀河ほど大きな速度で後退している」（より正確には、距離に比例して速度が大きくなる）という事実は、一九二九年に観測結果を発表したアメリカの天文学者エドウィン・ハッブルの名前を冠して、「ハッブルの法則」と呼ばれるようになった。アインシュタインはその結果にまちがいはなさそうだと認め、早くも一九三一年には、ハッブルのいる天文台を訪れた際の記者会見の場で、宇宙空間は膨張しているという観測結果を支持すると言明した。

はじめに理論方面から可能性が指摘されていた宇宙の膨張は、その後観測の裏づけが得られ、さらにはアインシュタインも認めたとなって、科学的事実としてすみやかに受け入れられた。

しかし宇宙の膨張が認められたからといって、いわゆるビッグバン・モデルが受け入れられたということではない。ビッグバン・モデルは、単にキリスト教臭がするというだけでなく、このモデルから導かれる予測は現実と合わなかったのである。

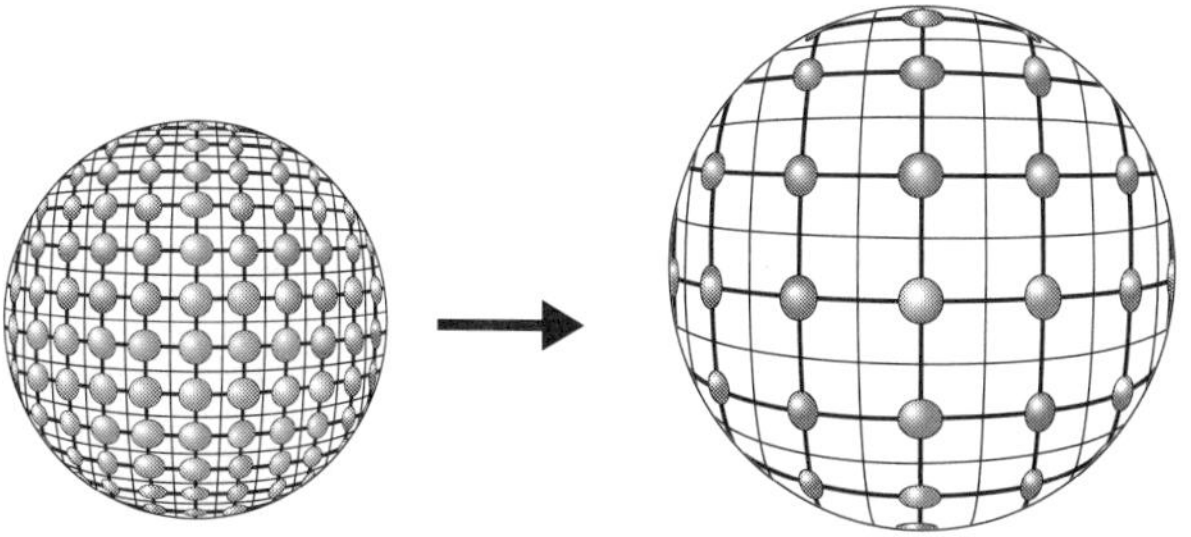

図2-7　膨張宇宙における銀河の後退。風船の表面にコインを等間隔に貼りつけたと考えてみよう。隣り合うコイン同士の距離は、はじめは1cmだったが、1秒のうちに5cmになったとしよう。隣のコインまでの距離は1秒間に5cm、隣の隣のコインまでの距離は1秒間に10cm、三つ隣のコインまでの距離は1秒間に15cmに広がったことになる。つまり、遠いコインほど大きな速度で遠ざかる。同様に、膨張する宇宙では、遠い銀河ほど大きな速度で遠ざかる。

たとえば、ビッグバン・モデルに当時の観測データを当てはめて引き出された宇宙の年齢は、二十億年ほどだったのに対し、地質学的研究から得られた地球の年齢は、それよりも長い三十六億年ほどだった——宇宙よりも、宇宙に含まれる地球のほうが古いということになってしまったのである。そんな馬鹿げた結果を出すモデルではお話にならなかった。

### なぜ水素ばかりあるのか？

ビッグバン・モデルは、「宇宙が全体として膨張し、時間とともに変化する」という、宇宙論の歴史上かつてない宇宙像を描き出した。しかし、このモデルが今日獲得しているような標準モデルとしての地位を勝ち得るまでは、長い停滞の時期を経なければならなかった。

とはいえビッグバン・モデルはごく初期に、ひとつ決定的に重要な成果を挙げている――今日、「宇宙マイクロ波背景放射」と呼ばれている、光の存在を予測したのである。

一九三〇年代には、原子の中心部にある小さな核――原子核――についての研究が大きく進展して、めざましい成果が得られた。そのなかでも天文学との関係でもっとも重要なのは、太陽の（そして夜空に輝く星たちの）エネルギーがどこから生じているかが解明されたことだろう――星の中心部は天然の核融合炉になっていて、核融合により生み出される莫大なエネルギーが星を輝かせていたのである。

ビッグバン・モデルを支持する人たちは、この成果に大いに励まされた。なぜならこのモデルによれば、初期宇宙は小さく圧縮されていて、星の内部と同じように高温高圧の状態だったからである。そんな初期宇宙に原子核物理学の知識を当てはめれば、初期宇宙で何が起こったかがわかるだろうと期待されたのだ。

当時、観測天文学の大きな謎とされていたもののひとつに、宇宙の物質のほとんどが水素とヘリウムばかりなのはなぜか、という問題があった。

周期表の中で一番軽い元素（水素）と、二番目に軽い元素（ヘリウム）の二つだけで、宇宙に存在する物質の99・99％を占めていることが、観測から明らかになっていたのである。そしてその両者の比率は、水素10に対してヘリウム1だった。

奇妙なことに、重い元素——地球上にはふんだんに存在するケイ素や酸素や鉄、そして地球上の生命にとっては決定的に重要な役割を果たす炭素など——は、宇宙全体としてみれば、無視できるほどわずかしか存在しないらしかった。しかしいったいどういうわけで、宇宙に存在する物質は、これほどまでに、水素（と、その十分の一のヘリウム）ばかりに偏っているのだろうか？

ビッグバン・モデルの原型（宇宙には始まりがあること、そして宇宙は膨張して進化していること）を提唱したジョルジュ・ルメートルは、放射性元素の発見に触発されて、初期宇宙は巨大な原子のようなもので、その原子（「原初の原子」）がつぎつぎと分裂を繰り返して、今日の宇宙の物質が生じたのだろう、と考えたのだった。

しかし、もしも巨大原子が分裂することによって周期表に載っているさまざまな元素が生じたのなら、今日の宇宙には、どの元素もほぼ同じぐらいの比率で存在していなければならない。ルメートルのモデルから導かれる元素分布は、ほとんど水素ばかりという現実の宇宙の姿とはかけ離れていた。

一方、ソ連からアメリカに亡命してきた物理学者のジョージ・ガモフは、宇宙が誕生してまもない高温高圧状態だったときには、物質はバラバラに分解し、もっとも基本的な粒子となって飛び回っていたにちがいないと考えた。

当時知られていた基本粒子は、陽子、中性子、電子の三つだけだった。これに電磁力を媒介する光子を加えた四種類の粒子が、初期宇宙を大きなエネルギーで飛び回っていただろう。その後、宇宙が膨張するにつれて温度が下がっていったときに、これらの粒子がどう振る舞ったかを調べれば、宇宙の物質が水素とヘリウムばかりなのはなぜかを説明できるのではないだろうか？

そう考えたガモフは、原子核物理学の知識を生かし、初期宇宙の研究に大胆に踏み込んでいった。

当時のアメリカでは、原子核についての知識をもつ物理学者は、原爆開発のマンハッタン計画のためにかき集められていた。しかしガモフはソ連からの亡命者だったため機密研究から外され、そのおかげで彼は、優秀な大学院生のラルフ・アルファーと二人で、原子核物理学の知識を初期宇宙に応用するという新しい路線を、ほとんど独走状態で突っ走ることになったのである。

数年をかけた努力は実を結び、一九四八年、二人はついに、宇宙には水素とヘリウムが豊富に存在することと、両者の比率は10対１になるということを理論的に説明することができた。

## 初期宇宙で何が起きたか

しかし、水素とヘリウム（その他いくつか微量の軽い元素）については、初期宇宙の高温高圧状態の中で合成されたとしてうまく説明できたものの、それよりも重い元素が存在する理由はどうしても説明できなかった。初期宇宙の元素合成で今日の元素の存在量を説明するという路線は、こうして袋小路に突き当たってしまう。

しかも、初期宇宙は水素原子核（つまり陽子）ばかりだったと仮定すれば、今日の宇宙に水素がたくさん存在するのは当たり前だともいえるため（それに対してルメートルは、宇宙は巨大な原子のようなものとして始まったと仮定したのだった）、観測に合わせるためにひねり出したご都合主義の仮定だという批判もあった。

そんなわけで、水素とヘリウムの存在比がとりあえずうまく説明できたからといって、ビッグバン・モデルの支持者がとくに増えたわけではなかったのである。

当時ガモフは、ジョージワシントン大学で教鞭をとるほかに、ワシントンDC郊外にあるシルバースプリング応用物理学研究所の顧問を務めており、大学院生のアルファーもそこで海軍との契約研究に携わっていた。

その同じ研究所に、プリンストン大学で物理学を専攻するロバート・ハーマンという大学院生がいた。ガモフとアルファーが初期宇宙の研究を進めているのをそばで見ていたハーマンは、興味津々のようすだった。そこで、水素とヘリウムの存在比を説明するガモフとの共著論文を発表したアルファーは、今度はハーマンと組んで、ビッグバン・モデルで初期宇宙について何が言えるかを徹底的に洗い直してみることにした。

ごく初期の高温高圧の宇宙では、すさまじい高エネルギー環境の中、物質はもっとも基本的な粒子（陽子と中性子、そして電子）のまま、猛スピードで宇宙を飛び交っていただろう。その後、宇宙が膨張するにつれて温度が下がり、粒子たちの勢いも落ち、陽子と中性子が結びついて簡単な原子核ができただろう——具体的には、もともとあった水素原子核（陽子そのもの）のほかに、陽子と中性子が結びついた重水素（陽子1＋中性子1）、重水素に中性子が捕まった三重水素（陽子1＋中性子2）、三重水素がベータ崩壊と呼ばれる崩壊を起こしてヘリウム3（陽子2＋中性子1）となり、さらにそのヘリウム3が中性子を捕まえてヘリウム4（陽子2＋中性子2）となり、そのさき少数ながらリチウム7（陽子3＋中性子4）とベリリウム7（陽子4＋中性子3）ができる。

しかし、電子（マイナスの電荷をもつ）はまだ猛烈な勢いで飛び回っているため、原子核（プラスの電荷をもつ）の電気的な引力では捕まえることができなかった。原子核と電子がバラバラに飛び回っている状態のことを、プラズマ状態という。プラズマ状態では、電磁力を媒介する粒子である光子は、電荷をもつ原子核と電子に絡め取られ、自由に進むことができない。もしもわれわれのように、光を利用してものを見るタイプの観測者がその場にいたとしたら、一寸先も見えなかっただろう。

宇宙はさらに膨張を続け、それにつれて温度は下がり続けた。そして宇宙誕生から四十万年ほど過ぎたころ、温度が下がったために勢いの落ちた電子が、原子核に捕まっただろう――電気的に中性な、原子の誕生である。

それまでプラズマ状態の中で、荷電粒子に絡め取られていた光子は、このときはじめて束縛を解かれ、自由に進むことができるようになった。一寸先も見えなかった宇宙は、すっきりと晴れ上がったことだろう。もしもわれわれのような観測者がその場にいたなら、一寸先も見えなかった宇宙が、はるか遠くまで見通せるようになったはずだ。

アルファーとハーマンは、このとき自由になった光子が、今も宇宙空間の中を突き進んでいるはずだということに気づいたのである。なにしろその光子は、宇宙以外のどこにも行きようがないのだから。

## 忘れられた予測

もちろん、宇宙には、それ以外にもさまざまな光子が飛び交っている。昼間であれば、太陽が強烈な電磁波を放出しているし（電磁波というのは光子の集団運動だ）、遠方の銀河からやってくる電磁波もある。どこかの星が爆発したせいで生じたガンマ線（高エネルギー電磁波）も突進してくる。ラジオ局は（今日ならドコモもソフトバンクも）、電波領域の周波数を利用している。現代の生活からはさまざまな電磁波が発生するので、大都市はそれ自体として大きな電波源になっている。われわれは電波の海に浸っているのである。

それでも、さまざまな電波源をひとつひとつ洗い出し、観測データから取り除いていったとすれば、原理的には、「晴れ上がり」のときの光が検出されるはずだった。

宇宙の温度が三千度ほどに下がったときに自由になった光は、はじめは波長が一〇〇〇分の一ミリメートルほどだったが、その後宇宙が膨張するにつれて波長も伸び、今では一ミリメートル程度になっているだろう、とアルファーとハーマンは予測した。そのような特徴をもつ光子を検出することができれば、ビッグバン・モデルの正しさを示す有力な証拠になるはずだった。

しかし、そんな光子の検出に興味をもってくれる実験家はいなかった。電波天文学という分野がまだ誕生すらしていなかったその時代に、ありとあらゆる電波源を突き止めてデータから丹念に取り除いていき、初期宇宙に自由になった光のかすかな「ささやき」を聞き取ることなど、到底できるとは思えなかったのである。

もしも有望そうな話なら、たとえ技術的には難しくとも、挑戦しようと言ってくれる実験家もいたかもしれない。だが、ビッグバン・モデルはキリスト教の臭いがふんぷんとする怪しげな理論だった。そんな理論が語る「元素創造の物語」にまじめに耳を傾けてくれる者はおらず、宇宙創造から四十万年後に解き放たれたという「最初の光」を検出するという仕事に、あえて取り組もうという実験家はいなかったのである。

二十世紀なかばのこの時期、宇宙論の進展は、ほかの分野にくらべて停滞しているという印象があるのは否めなかった。ガモフはそんな宇宙論に見切りをつけて、分子生物学というホットな分野に移っていった。一九五三年にはアルファーとハーマンも、基礎研究を諦めて企業研究所に就職する。膨張し、変化する宇宙像はこうして主要な研究者を失い、彼らが存在を予測した光のことも、やがてすっかり忘れられてしまった。

## 膨張しつつも変化しない宇宙

宇宙が膨張しているからといって、ビッグバン・モデルだけが理論的な可能性ではなかった。

そもそもビッグバン・モデルは、宇宙よりも、その宇宙の中の天体のほうが古いという困った予測をしていたし、水素とヘリウムの存在比は説明できたものの、重い元素の存在は説明できなかった。

しかもこのモデルは、宇宙に始まりがあると言いながら、それがいったいどんな始まりなのかという問題を棚上げしてもいた。もしも宇宙全体が、あるとき突然に無から生じたというなら、それはまぎれもない奇跡であり、科学研究の対象というよりは、宗教にお任せしたほうがよいテーマだと言われても仕方がなかったのである。

むしろ、膨張しつつも変化しない宇宙のほうが健全だと考える人が多かったのも無理はなかったろう。

たとえば、「宇宙原理」という言葉を作ったエドワード・アーサー・ミルンも、変化しない宇宙モデルを作ろうと試みた物理学者のひとりだった。そういうモデルはいくつか提案されたが、そのなかでも、その後の宇宙論の歴史にとってもっとも重要なのは、フレッド・ホイル、トマス・ゴールド、ハーマン・ボンディというイギリスの物理学者チームが提唱した、いわゆる「定常宇宙モデル」である。

しかし、膨張しているのに変化しないというのは、いったいどういうことだろうか？膨張するということはすなわち、変化するということなのではないのだろうか？

イギリスの三人組は、この当然の疑問に対してつぎのように答えた。

膨張しても変化しないためには、まず宇宙空間は無限でなければならない。無限に大き

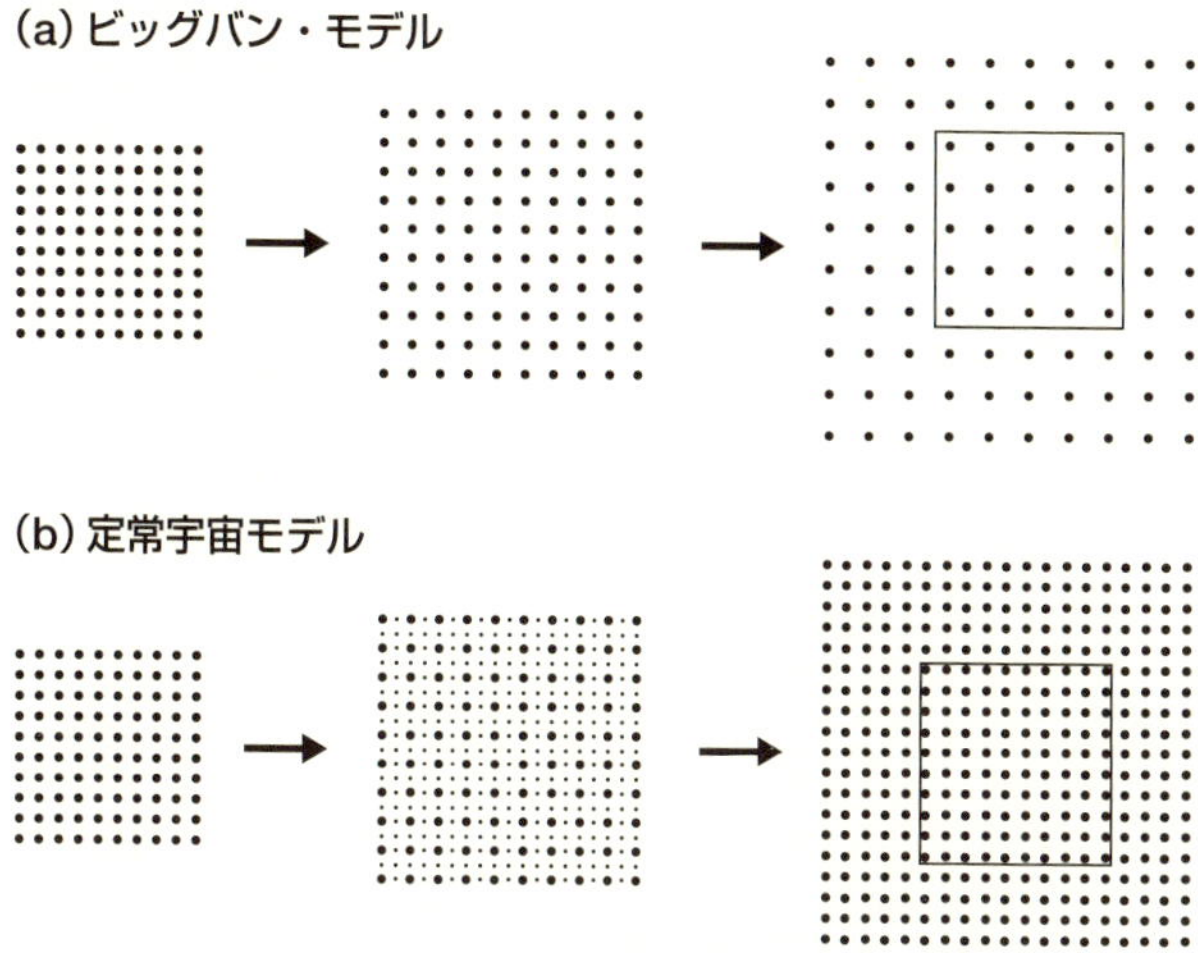


図2-8 (a) ビッグバン・モデル。宇宙の眺めは変化する。(b) 定常宇宙モデル。空間が膨張しつつも変化しないためには、無限宇宙の中で少しずつ物質が生じればよい。

なものは、膨張して二倍になろうと三倍になろうと、やはり無限だからである。しかし、たとえ空間は無限だったとしても、空間が膨張すれば銀河は互いに遠ざかり、宇宙を彩る光はしだいにまばらになっていくだろう。そんな変化が起こらないためには、遠ざかる銀河と銀河のあいだの空間に、新たな銀河の素材になる物質が生じればよい、と。

図2－8（a）には、銀河のちりばめられた、有限な宇宙空間が膨張している様子を示した。この場合、銀河の光はしだいにまばらになり、宇宙はだんだん寂しい場所になっていく。（b）は、無限の宇宙空間が

膨張し、なおかつ宇宙空間に物質がポツポツと生じて、新たな銀河が生まれる場合である。この場合、宇宙の眺めはいつも同じになるだろう。

## 定常宇宙モデルの信憑性

宇宙空間にポツポツと物質が生じるとするボンディたちの説は、物理学の大原則であるエネルギー保存則を破っているため、当然ながら厳しい批判にさらされた。

その批判に対してボンディらは、定常宇宙モデルで宇宙空間に生じなければならない物質の量は、一立方センチメートルあたり毎秒$10^{-46}$グラム——体積一リットルあたりにすると、$5\times10^{11}$年に水素原子一個——という、非常にわずかな量にすぎないと指摘した。エネルギー保存則がたしかに成り立っているということが、それほど高い精度でじっさいに確かめられているわけではない。つまり、地球上で行われた不十分な精度の実験から導かれた経験則にすぎないエネルギー保存則を、宇宙スケールでも成り立つ絶対的な法則だとみなすことは、必ずしも正当化できないというのである。

さらにいえば、エネルギー保存則を満たしている他のモデルは、「宇宙はどのように始まったのか」という大問題に目をつぶるか、棚上げしていた。

たとえば、ミルンのモデルはエネルギー保存則を満たしていたが、宇宙の物質がどのように生じたのかという問題については、「科学で扱うべき領域を越えている」として目をつぶっていた。

また、ビッグバン・モデルは、「宇宙の始まり」の問題は棚上げし、物質とエネルギーがすでに存在している高温高圧の初期宇宙からスタートしていた。そういう途方もなく大きな問題をごまかしているモデルにくらべれば、一立方センチメートルあたり毎秒$10^{-46}$グラムの物質が生じるぐらいは、まだしも誠実だという主張にも、たしかに一理も二理もあったのである。

## 宇宙原理と完全宇宙原理

イギリスの三人組は定常宇宙モデルを作るにあたり、二つの原理をその基礎に置いた——宇宙原理と完全宇宙原理である。

ボンディは一九五二年の著書『宇宙論』の中で、これら二つの原理について詳しく説明している。ちなみに、ボンディと同世代か、それに続く世代の物理学者の中には、ボンディの『宇宙論』を読んで大いに刺激されたという人が少なくない。たしかにこの本は、標準的な教科書というよりもむしろ、「本当にそうなのか?」「そんな馬鹿な」「暴論だ!」などと、ボンディの議論に「大いに刺激」され、カッカしながら読む本だったことだろう。じっさい彼の『宇宙論』は、今読んでもなかなか刺激的だ。ボンディがつぎつぎと取り上げる宇宙論の難題に対し、今日の知識で答えることができるなら、あなたは宇宙論マニア検定試験（そんなものがあればの話だが）で上級が取れるだろう。

ボンディはその『宇宙論』の中で、まずはじめに「原理的な諸問題」をいくつか取り上げた。当然というべきか、そこには有名な「コペルニクスの原理」も含まれている。というよりむしろ、「コペルニクス」の名前と「原理」という言葉とを結びつけて、「コペルニクスの原理」という言葉を作ったのは、じつはボンディなのである。彼は、「論理に飛躍もあり、中途半端で不完全ではあるが」としながら、「コペルニクスの原理とでも呼ぶべきものがある」として、「地球は特別に恵まれた場所に位置しているわけではない」という考え方がそれだと説明した。

ボンディは、そのコペルニクスの原理から、「地球は宇宙の中で典型的な環境である」という主張まではほんの小さな一歩にすぎず、「典型的だ」という主張は、細部のちがいを別にすれば、「どこも同じである」という、いわゆる「宇宙原理」とほぼ同じだと述べたのである。

そしてボンディは、そこからさらに大胆な一歩を踏み出した。宇宙は「どこも」（空間的に）同じであるだけでなく、「いつも」（時間的に）同じだという、「完全宇宙原理」を提唱したのである。完全宇宙原理は、われわれが存在しているこの時代はなんら特別な時代ではなく、宇宙にとってごく典型的な時代でなければならない、という主張である。

二十世紀のなかば、宇宙空間が膨張していることは、すでにたしかな観測事実として受け入れられていた。しかしその膨張する宇宙が、変化する宇宙なのか、変化しない宇宙なのかについては、決定的な観測結果が得られなかったために、宙ぶらりんのまま数十年という年月が流れることになった。

その間にも、宇宙論にもうひとつの大問題が持ち上がる。「宇宙はなぜこのような宇宙なのか」という問題がそれである。

# 第3章　宇宙はなぜこのような宇宙なのか

## 1　コインシデンス（偶然の一致）

### アインシュタインの究極のテーマ

「宇宙はなぜこのような宇宙なのか？」という問いは、ちょっと摑みどころがない。なにやら世の中の不公平を嘆く言葉のようでもある。「なぜ自分は、もっとお金持ちの家に生まれなかったのだろうか？」「なぜ自分は、もっと背が高いイケメン（グラマーな美女）に生まれなかったのだろうか？」もしそうだったら、世界はまったく別のものになっていただろうに、と。

こうした問いに対し、ストア派なら「それが運命」と答えただろうし、キリスト教徒なら「神のおぼしめし」と答えるだろう。つまり冒頭の問いは、科学が取り組むべき問題というよりは、哲学や神学で論じられるべきテーマのような雰囲気をまとっているのである。そんな問いが科学の土俵に乗ったということ自体、きわめて二十世紀的だといえるかもしれない。

アインシュタインは二十世紀物理学のアイコンともいうべき科学者だが、その彼は生涯を通じ、この問いを究極のテーマと位置づけていたようにみえる。彼にとってそれは、十年や二十年で答えの出るような問題ではなく、むしろ進むべき方向を指し示す道標のようなものだったのだろう。

アインシュタインは宗教的な人ではなかった。彼はある回想録の中で、十二歳のときに信仰心を失う決定的な経験をしたと語っているし、ある人物への手紙には、「わたしにとって神という言葉は、人間の弱さの表れであり、その産物にほかなりません」とも書いている。しかしアインシュタインは、「神」という言葉を使って絶妙なキャッチフレーズを作るのがうまかった。有名なところでは、「神はサイコロを振らない」というものや、「神は頭が良いが、意地悪ではない」などがある。

宇宙論の分野でアインシュタインが「神」を持ち出した例としては、「わたしが知りたいのは、神がいかにしてこの世界を作ったのかということだ」というものや、「神が宇宙を作ったとき、ほかに選択肢はあったのだろうか」などがある。ここでアインシュタインが「神」と言ったのは、もちろん言葉の綾であって、彼が本当に知りたかったのは、「宇宙はなぜこのような宇宙なのか」ということだったのだ。

このアインシュタインの含蓄ある問いかけを、現代物理学の言葉で身も蓋もなく言ってしまえば、次のようになるだろう。

「あれこれの物理定数は、なぜ今のような値になっているのだろうか？」

「物理定数」とは、いつ、どこで、誰が測定しても（きちんとした手続きを踏んで測定すれば）、同じ値になる物理量のことである。たとえば、基本的な力の強さや、基本粒子の電荷や質量の値などがそれだ。

**もし物理定数が今の値でなかったら？**

二十世紀には物理学が大きく進展し、この宇宙の意外な本性がつぎつぎと明らかになった。

まず、二十世紀の初めになってようやく原子の実在性が確立されるやいなや、原子は、アトムという言葉がもともと意味していたような、それ以上分割することのできない素粒子ではなく、電子と原子核からなり、その原子核もまた、陽子と中性子というより基本的な粒子からできていることが明らかになった。そして二十世紀が過ぎていくにつれて、素粒子の世界はどんどん複雑多様になっていった（素粒子物理学の発展については、第5章でもういちど取り上げる）。

とくに衝撃的だったのは、従来知られていた二つの力――重力と電磁力――に加え、新たに「強い力」と「弱い力」が発見されて、自然界の基本力が二つから四つに増えたことだろう。

重力と電磁力は昔からその存在を知られていたのに対し、「強い力」と「弱い力」の存在は二十世紀になるまで知られなかったのは、一にも二にも、これら二つの力の到達距離が非常に短いせいである。どちらの力も、原子核のサイズ程度の近距離でしか作用しないため、そもそも原子核の存在が明らかになり、その内部に探索の手が伸びるまでは、そんな力があることに気づけるはずもなかったのである。

「強い力」はその名の通り強い力であり、陽子と中性子（両者をまとめて核子ということもある）を原子核の内部につなぎ止めているのがこの力だ。もしも「強い力」が急に働かなくなったりすれば、正の電荷を持つ陽子は、近距離での猛烈な電気的反発力のために、原子核の内部にとどまることができず、バラバラに飛び散ってしまうだろう。「弱い力」もまた非常に近距離でしか作用せず、原子核の崩壊現象を引き起こす。

こうして宇宙の仕組みがミクロなレベルで解明されるにつれ、「なぜ？」という疑問が湧いてきたのである。

「基本的な四つの力の強さはひどくバラバラだが、なぜそうなっているのだろうか？」

「基本粒子の質量や電荷やその他もろもろの物理定数は、なぜそんな値になっているのだろうか？」

ひょっとすると読者のみなさんは、「物理学者というのは、変なことを気にする人たちだなあ」と思われるかもしれない。測定結果は測定結果として素直に受け入れ、もっと意味のあることを考えたらどうなのだ、と。

しかし物理学者にとってこれらの問いは、「宇宙はなぜこのような宇宙なのか」という深い問題に直結しているのである。

それを説明するために、二つ例を挙げよう。ひとつ目は、重力の弱さと関係がある。重力はとても弱い力である。昔から知られていたもうひとつの力である電磁力にくらべると、ほとんど無視できるほど弱い。たとえば、指先にのるような小さなマグネットの磁力は、地球全体が及ぼす重力に勝つ。もしそうでなかったら、冷蔵庫にくっついているマグネットは、地球に引っ張られて床に落ちてしまうだろう。

しかし宇宙スケールで見れば、正負の電荷が結合して中性になりがちな電磁力とは異なり、質量がつねに正の値である重力は、まさしく宇宙を支配する力となる。もしも重力が今より強かったとしたら、太陽やその他の恒星は、押し潰されて今より小さくなるだろう。強い重力で圧縮された中心部の核融合反応は急速に進み、星はすみやかに燃え尽きてしまうだろう。地球やその他の惑星も、今よりもサイズは小さくなり、表面での重力は強くなるため、われわれのようなヤワな生物は、自重で潰れてしまうだろう。

逆に、もしも重力が今より弱かったなら、天体のサイズは大きくなり、中心部の核融合反応はゆっくりと進み、星の寿命は延びるだろう。

いずれにせよ、地球上にわれわれは存在しそうにない。つまり、重力が今より強くても弱くても、宇宙の光景は今とはまったくちがったものになっていたはずなのである。

二つ目の例として、ミクロなスケールで重要になる強い力と、やはり電磁力との強さの比を考えてみよう。強い力（「強い核力」とも言われる）は、その名の通り、強力だ。もしもそうでなかったなら、いくつもの陽子を原子核の内部に閉じ込めておくことはできなかっただろう。

強い力は近距離でしか働かないけれども、力の及ぶ範囲では電気的な力に打ち勝ち、陽子を原子核の内部に閉じ込めておくことができる。もしも強い力が今よりも弱かったなら、電気的な反発力が相対的に強くなり、陽子はそもそも原子核の内部に入ることはできなかっただろう。その場合、初期宇宙の元素合成の時期に、水素原子核（陽子）よりも大きな原子核は生じなかっただろう。この宇宙は水素ばかりの、ひどく退屈な世界になっていたはずだ。

逆に、もしも強い力が今よりも強かったなら、陽子同士が速やかに結びついてしまい、水素（つまり単独の陽子）は早々に枯渇しただろう。水素の存在しない宇宙は、この宇宙とは似ても似つかないものになっていたはずである（水素はこの宇宙に存在する元素の99%を占めているという事実を思い出そう）。

これら二つの例からわかるように、物理定数が今の値でなかったとしたら、宇宙の姿はがらりと変わってしまうのである。

そんなわけで、物理学者にとって、物理定数がなぜ今のような値なのかと問うことは、宇宙はなぜこのような宇宙なのかと問うことと、まったく同じだとは言わないまでも、きわめて密接につながっているのである。

## ミクロのスケールと宇宙スケールをつなぐ

二十世紀のなかば、物理定数と宇宙との関係という問題に、一風変わった角度からスポットライトを当てたのが、「定常宇宙論」を提唱したイギリスの三人組の一人、ハーマン・ボンディだった。

ボンディは、そのころ急速に進展しつつあった素粒子物理学に触発されて、素粒子を扱うミクロなスケールの物理学と、宇宙スケールの物理学とのあいだに、何か結びつきがあるのではないかと考えた。

そもそも宇宙のすべてを説明できる理論なら、大きなスケールのことだけでなく、ミクロなスケールのことも説明できてしかるべきだろう。ミクロなスケールの対象を扱う理論から出発して、徐々にスケールアップしていき、最終的には宇宙のすべてを説明できるような理論を組み立てるという、いわゆるボトムアップ方式で最初からうまくいくとは思えないけれど、あらゆるスケールで宇宙を説明できる理論を作りたいという希望を、はなから諦めてしまうことはない、とボンディは考えたのである。

二十一世紀の今日から振り返ってみれば、二十世紀の後半は、たしかにボンディが説いた通り、ミクロなスケールの物理学と宇宙スケールの物理学との深いつながりが明らかになった時代だったといえる。そんな状況の象徴として物理学者がよく持ち出すのが、自分の尻尾に嚙みつくヘビ、ウロボロスのイメージだ（次ページ図３－１）。

ボンディは、ミクロのスケールと宇宙スケールのつながりを探るための手掛かりとして、著書『宇宙論』の中に、「ミクロな物理学と宇宙論」と題するわずか数ページの章を設けた。その短い章が、少なからぬ物理学者を発奮させることになったのである。

ボンディはその章で、ミクロな世界の物理量と、（彼の言葉でいえば）「普通サイズの世界」の物理量、そして全体としての宇宙の性質にかかわる物理量という、三つのスケールの物理量の中から、それぞれもっとも基本的だと思われるものを選び出し、それらを組み合わせて作ったいくつかの量に、「コインシデンス」がみられることを示した。

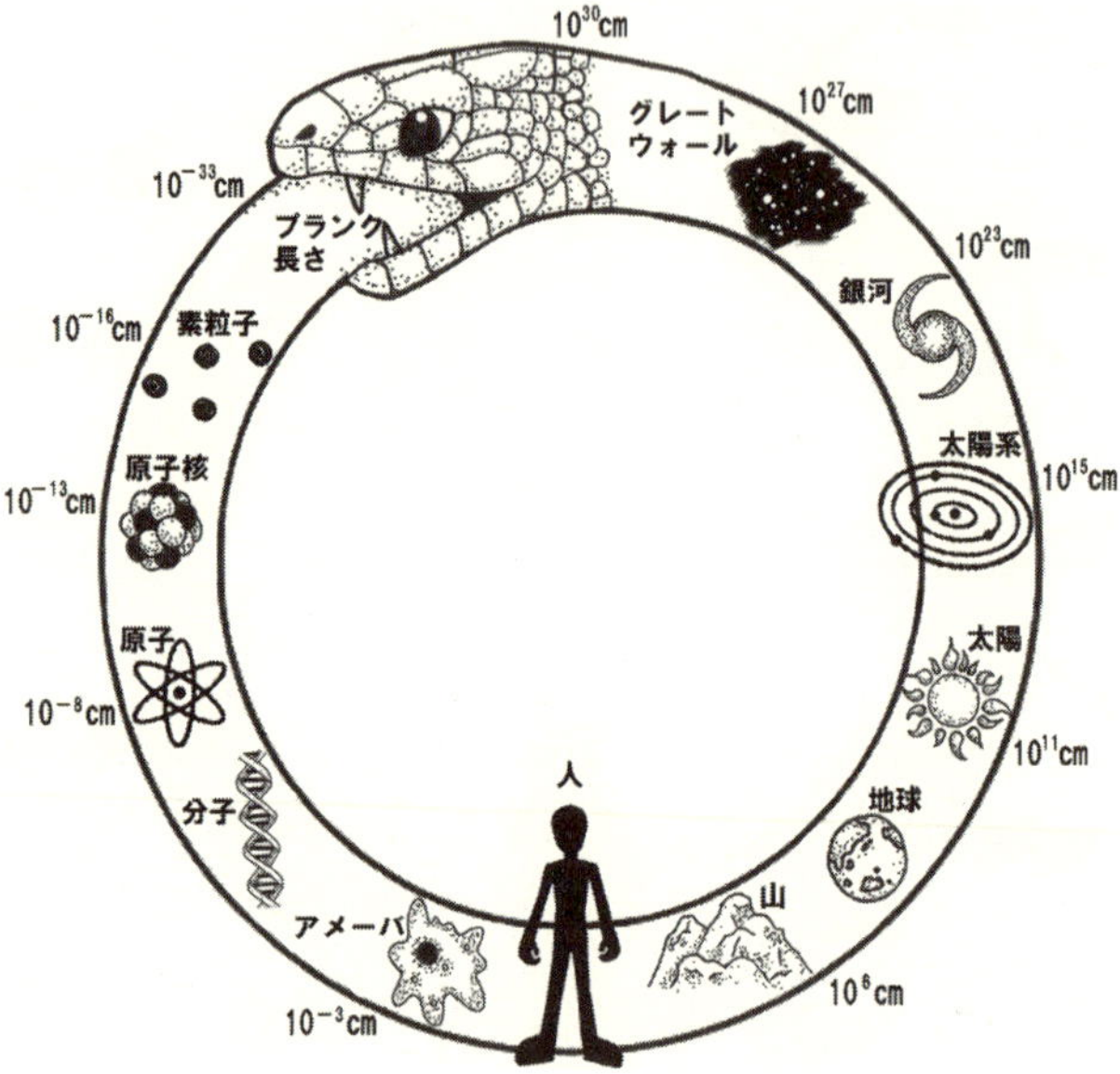


図3-1　ミクロのスケールと宇宙スケールのつながりを象徴するウロボロス。素粒子レベルの現象を理解するためには宇宙を知らなければならず、宇宙を理解するためには素粒子レベルのことを知らなければならない。

コインシデンスとは、「あれ？」と思うような偶然の一致のことである。一見すると関係なさそうな二つのことが、思いがけず一致したとしよう。それはたまたま起こった偶然の一致なのかもしれない。しかし、「あれ？」と思ったコインシデンスを、「たまたまだろう」といって受け流してばかりいたら、重大な発見をしそこなうかもしれない。

たとえば、重さが異なる二つの球を、高い塔の上から同時に落としてみたところ、球が地面に衝突したことを知らせる衝撃音がひとつだけしか聞こえなかったとしよう。それはつまり、重さの異なる二つの球が、同時に地面に着いたということだ。それを、「たまたまだろう」と流してしまわず、「あれ？　おかしいぞ。重いほうが早く落下するはずなのに……」（重いほうが早く落下するというのが、アリストテレス以来の定説だった）と不思議に思うことから、大躍進がもたらされるかもしれないのである。（言わずもがなではあるが、ここにたとえ話として挙げたのは、ガリレオが落体の法則を見つけるにあたって、ピサの斜塔で行ったと伝えられる実験である。）

## 繰り返し現れる巨大数

ボンディが示したコインシデンスは、次のようなものだった。（以下、物理量を表す記号が七つほど出てくるが、計算は掛け算と割り算だけなので心配はいらない。）

彼はまず、当時すでにかなり高い精度で測定されていた、七つの物理量を選び出した——電子の電荷（$e$）、電子の質量（$m_e$）、陽子の質量（$m_p$）、重力定数（$\gamma$）、光の速度（$c$）、宇宙の物質の平均密度（$\rho_0$）、そしてハッブル定数の逆数（$T$）である。

電子の電荷（$e$）は、電磁力の強さの目安となる。電子と陽子は、当時もっとも基本的だとされていた粒子で、宇宙の物質は、これら二つと、中性子（陽子の双子のきょうだい）の、三種類の粒子からできていると考えられていた。電子と陽子の質量（$m_e$と$m_p$）の大きさは、それぞれの粒子が、重力を感じる能力の大きさと見なすことができる。重力定数（$\gamma$）は、重力の強さを表す量である。光の速度（$c$）は、あらゆる物質はそれ以上速くは進めないという意味で、宇宙の制限速度だから、非常に重要な量である。宇宙の物質の平均密度（$\rho_0$）は、宇宙全体の物質量の目安になる。ハッブル定数は、宇宙が膨張する速さに相当し、その逆数（$T$）は、宇宙がこれまで膨張するのにかかった時間に相当するから、宇宙の年齢の目安になる。

ボンディはこれら七つの定数を組み合わせて、四つの「無次元量」を作ってみせた。無次元量というときの「次元」とは、「単位」のことである。グラムとかメートルといった単位のついた量は、どの単位を使うかによって値が変わる。たとえば、1メートルという長さは、$10^{-3}$kmとも表せるし、$10^{10}$Å（オングストローム）と表してもよい。どんな単位を選ぶかによって、値が、1になったり、$10^{-3}$（0.001）になったり、$10^{10}$（10000000000）になったりするのである。それに対して、直径12センチのリンゴと、直径2センチのサクランボとの直径の比は6で、この6という値には単位がないので変わりようがない。このように単位のない量が、無次元量である。

さて、さきほどの七つの物理量のうち、最初の三つ（$e$、$m_e$、$m_p$）はミクロの世界に関するもの、重力定数と光の速度（$\gamma$、$c$）は、ボンディの言うところの「普通サイズの世界」に関するもの、そして最後の二つ（$\rho_0$、$T$）は宇宙スケールの量である。

ボンディは無次元量を四つ作ったのだが、四番目のものは、ほかの三つを組み合わせて作ることができるので、ここではじめの三つだけを見てみよう。

$$\frac{e^2}{\gamma m_p m_e} = 0.23 \times 10^{40} \quad (1)$$

$$\frac{cT}{\left(\frac{e^2}{m_e c^2}\right)} \fallingdotseq 4 \times 10^{40} \quad (2)$$

$$\frac{\rho_0 c^3 T^3}{m_p} \fallingdotseq 10^{80} = [10^{40}]^2 \quad (3)$$

（1）には、電子と陽子のあいだに働く電磁力と重力の強さの比という意味がある。その比が$10^{40}$という途方もなく大きな数になっているということは、重力にくらべて電磁力が途方もなく強いということ、逆に言うと、重力は電磁力にくらべて途方もなく弱いということを表している。

一九二〇年代以降、なぜ重力はこれほど弱いのかという問題は、物理学者のイマジネーションを刺激し続けているが、今日にいたるも、決定版といえるような説明が与えられているわけではない。

しかしここで注目してほしいのは、重力がなぜそれほど弱いのかということではなく、むしろ電磁力との強さの比が、たまたま$10^{40}$という巨大な数になっているということだ。指数表記になっているので、それほど大きくは感じられないかもしれないが、これは非常に大きな数なのである。

（2）は、宇宙の膨張速度の目安であるハッブル定数から導かれた「長さ」（おおざっぱに宇宙の半径）と、古典的な電子の半径（おおざっぱには核力の到達距離）との比という意味がある。この比が途方もなく大きいということは、宇宙が途方もなく大きいということを意味している。ここでもまた、比の大きさそのものより、むしろ「コインシデンス」

のほうに驚きがある。なぜここにまた、この途方もなく大きな数、$10^{40}$が出てきてしまうのだろうか？

（3）は、宇宙の質量（宇宙の質量密度×半径の三乗）を、陽子の質量で割ったものだから、宇宙に存在する陽子（あるいは中性子のような、電子とくらべて重い粒子）の個数と考えられる。ここでは問題の巨大数（$10^{40}$）が、二乗で出てきている。

これら三つの比は、組み立て方も簡単で、複雑な計算は何もしていない。大きく異なる三つのスケールを代表するような定数から作った無次元量に、$10^{40}$という巨大数がこれほどたびたび出てくるからには、ミクロな世界と宇宙スケールの世界とのあいだに、何か深い結びつきがあるのではないだろうか？

もしもそんな結びつきがあるのなら、基本粒子で記述できるというミクロな世界の構造が、全体としての宇宙にも深い影響を及ぼしているという証拠になるはずだ、とボンディは考えたのである。

**エディントンの考え**

しかし、「あれ?」と思うようなコインシデンスなら、そこらにいくらでも転がっていそうだ。

たとえば、太陽と月の視直径（見た目の大きさ）が、どちらも0・5度なのはどうしてだろう？　このコインシデンスには何か深い意味があるのだろうか？　人間の目を楽しませるために、神がそのように計らったのだろうか？　そんな疑問を抱いてもおかしくはないけれど、少し詳しく調べてみると、太陽の視直径はざっと0・53度、月は0・52度なので、二桁目ですでにちがっていることがわかる。物理学者にとってこの程度のコインシデンスは、「あれ？」と思うほどのことではないのである。

じつは、$10^{40}$という巨大数がたびたび登場するというコインシデンスですら、ほとんどの物理学者は、「だからどうした」と受け流した。わたし自身も、かつてこのコインシデンスについて書かれたものをはじめて読んだときには、「どんな数でも、作ろうと思えば作れるんじゃないの？」とあっさり受け流してしまった。むしろそれが普通の（凡人の？）態度なのではないだろうか。そこをあえて、しかし、ひょっとすると、そこにミクロとマクロをつなぐ手掛かりが隠れているかも？……と言い出したところに、ボンディの大胆さがあった。

とはいえ、このコインシデンスに着目したのは、ボンディが最初というわけではない。ミクロな世界の物理学が急速に発展しはじめた二十世紀の前半には、何人かの著名な物理学者たちが、これと同じコインシデンスに興味を示したのである。

とくに有名なところでは、イギリスの日食観測隊を率いて、アインシュタインの一般相対性理論の正しさを証明するうえで大きな役割を果たした、アーサー・エディントンがいる。

エディントンは、一般相対性理論と量子論を統一するような「根本理論」を作れば、さまざまな物理定数が、なぜその値になっているのかという謎を解くことができるはずだと考え、その理論を作る仕事に深くはまり込んでいった。

エディントンの考えによれば、一般相対性理論も量子論も、真に基礎的な理論ではなく、より基礎的な理論――彼の言うところの「根本理論」――から導き出されるはずのものだった。この主張そのものについては、ほとんどの物理学者が同意するだろう。

しかしエディントンの方法は、なにやら込み入った数学を使って、人間の意識やハイゼンベルクの不確定性原理などを組み込みながら、さまざまな値を引き出してみせるというきわどいものだった。時が経つにつれ、彼の根本理論はしだいに数秘術めいたものになっていった。

しかも、観測技術が向上して物理定数の測定値が変われば、エディントンが引き出す値も都合よく変わったりしたため、ほとんどの物理学者は彼の話に取り合わなくなり、エディントンは年を追うにつれて孤立を深めていった。

## 物理定数はじつは変化する!?

もうひとり、コインシデンスの問題に深く関心を寄せたのが、二十世紀の物理学に華麗な足跡を残した天才、ポール・ディラックである。

ディラックがとくに注目したのは、「宇宙が誕生してから今日までに経過した時間（宇宙の年齢）」と、「電子に特有な時間（電子の古典的半径を、光が通過するためにかかる時間）」との比に、$10^{40}$という巨大数が現れることと（ボンディの順番でいうと、二番目の比に相当する）、「電磁力の強さ」と「重力の強さ」との比に、やはり$10^{40}$という巨大数（ボンディの順番でいうと、一番目の比）が現れることだった。

これら二つの比が巨大数で結びつくとすると、三つの基本的な物理量により、宇宙の年齢がおおざっぱに決まってしまうことになる。ひょっとしてそれは、われわれのこの時代は、なんらかの意味で特権的な時代だということを意味しているのだろうか？

しかし、そんな人間中心主義的な考えは到底受け入れられない、とディラックは考えた。そして彼はその代わりに、宇宙の年齢が大きくなるにつれ（つまり、時間が経過するにつれ）、重力の強さが変化するのではないかと考えたのである。初期宇宙では重力が強く、その後だんだん弱まったのだとすれば、この関係はあらゆる時刻で成り立つ関係となり、われわれ人間の存在するこの時代を、何か特権的な時代と考えなくてもよくなるからだ。

ここには人間の自己中心主義に対するディラックの警戒心が見てとれ、それ自体として興味深い。ディラックは、そんな人間中心の考えを受け入れるよりは、物理定数はじつは定数ではなく、時間とともに変化するという、大胆な説を取るほうを選んだのである。

なお、エディントンの場合とは異なり、ディラックの理論にはとくにおかしなところはない（もちろん、重力の強さはいつも同じであるはずだとする常識的前提や、ボンディらがのちに掲げることになる完全宇宙原理とは対立するわけだが）。むしろ、人間中心主義を警戒するというディラックの考えは、十分に健全だったと言えよう。

しかし今日では、高い精度の観測結果から、重力の強さは時間とともに変化するというディラックの仮説は——少なくとも、われわれに観測できる宇宙の範囲では——ほぼ否定されている。

二十世紀のなかば、ミクロな世界についての研究が進展して、膨大な量の新事実が明らかになった。理論家たちはさまざまな新しい概念をつぎつぎと導入して、そんな状況をなんとか整理しようとした。

そのおかげで状況に一定の秩序がもたらされはしたが、根本的なところでは、霧が晴れたとは言えなかった。四つの力それぞれの強さも、さまざまな粒子の質量も、なぜそんな値なのかという問題——「宇宙はなぜこのような宇宙なのか」という問題——を解決する糸口は摑めなかったのである。

## 人間原理の登場前夜

原子核物理学の知識を全体としての宇宙に応用して、ビッグバン・モデルを先頭に立って引っ張っていたジョージ・ガモフも、ボンディとはまた別の観点から、やはり「次元」(つまり単位)がこの問題を解くカギになるのではないかと考えた。

ガモフが着目したのは、あらゆる物理量は、三つの次元の組み合わせとして表せるということだった。普通その次元としては、[長さ]、[質量]、[時間]の三つが選ばれるが、必ずしもそうでなければならないという決まりがあるわけではない。次元をどう選ぶかによって物理量の値が変わるのだから、うまく選べば見通しが良くなる可能性がある。

彼は、宇宙の本質を捉えるのに都合のよさそうな次元として、まず、いかなる物体もそれ以上の速度では運動できないという意味で、宇宙の制限速度である光の速度 $c$ を選んだ(速度の次元を普通の基本次元で表せば、[長さ]÷[時間]となる)。たしかに、もしも宇宙にとって基本的な量をひとつ選べと言われれば、たいていの物理学者はこの $c$ を選ぶだろう。

次にガモフは、プランク定数として知られる定数$h$を選んだ（その次元は、［エネルギー］×［時間］で、普通の基本次元で表せば、［質量］×［長さ］の二乗÷［時間］となる）。プランク定数は宇宙の量子的性質を特徴づけているのだから重要な量だ、というガモフの意見には、やはり多くの物理学者が賛成するだろう。

では、三つ目の量は、何がよいだろうか？　ガモフは、物質だけでなく時間と空間も、ミクロなスケールではなめらかにつながっているのではなく、ある長さで分割されているのではないかと考えた。そして、その長さの単位として、電子の古典半径（それはおおざっぱには原子核の大きさでもある）λ《ラムダ》（［長さ］）を選んだのである。

もしもこれら三つの量（$c$、$h$、$\lambda$）を、理論物理学の基礎方程式に正しく取り込む方法がわかれば、一見、何の意味もなさそうなさまざまな数値の謎が解けるかもしれない、というのがガモフの考えだった。数学的な計算をバリバリやる腕力よりは、こうした次元解析と呼ばれるようなテクニックで物理的世界の本質に切り込むセンスの持ち主だった、彼らしい発想といえよう。

こうして二十世紀のなかば、理論家たちは手持ちの道具で「宇宙はなぜこのような宇宙なのか」という問いのまわりの藪を叩き回っていたのだった。その混沌とした状況の中から飛び出してきたのが、「人間原理」である。

　科学の流儀としては禁じ手だったその路線を打ち出したのは、ケンブリッジ大学の物理学者ブランドン・カーターだった。カーターの提案は多くの物理学者の神経を逆なでするものだったが、それと同時に、黙殺してすませられないだけの問題を提起してもいたのである。

## 2　人間原理の登場

### 行きすぎた「コペルニクスの原理」に対抗

　一九七四年にカーターは、「大きな数のコインシデンスと宇宙論における人間原理」と題する論文を発表した。彼はその冒頭で、この論文の目的は、「コペルニクスの原理」に対する「行きすぎた屈従」に対抗することだと述べて、次のように続けた。

コペルニクスが与えてくれた教訓は、「われわれは宇宙の中心という、何か特権的な位置を占めているかのような、根拠のない思い込みをしてはいけない」という健全なものだった。しかし残念ながら、この教訓を過度に拡張して、「われわれの置かれた状況は、いかなる意味においても特権的なものではありえない」という、きわめて疑わしいドグマにしてしまう傾向が強い（そしてその拡張は、必ずしも無意識のうちに行われているわけではないのである）。

「コペルニクスが与えてくれた教訓」と書いていることから、カーターもまた、広く流布している啓蒙主義的な「コペルニクスの原理」を、コペルニクスの仕事に対する正統な解釈だと考えていたことがわかる。素朴な自己中心の考え方にもとづいて、人間が宇宙の中心にいると思い込んではならないというのは、じつにもっともな教訓である、と。

しかし、そのコペルニクスの原理を過度に拡張して、われわれの置かれた状況は、宇宙の中心でないばかりか、いかなる意味においても特権的ではないとまで言ってしまってよいものだろうか？　と彼は問いかけたのである。

カーターが「人間の特権」などというものを持ち出すこと自体に、違和感を覚える人も多いだろう（わたしもそのひとりだ）。しかし、まずは虚心坦懐にカーターの話に耳を傾けてみよう。

## 変化する宇宙か、変化しない宇宙か

カーターが宇宙における人間の位置について考えるようになったのは、ボンディの『宇宙論』を読んだことがきっかけだったという。じつは、カーターが「コペルニクスの原理を拡大解釈したドグマ」と呼んでいるのは、ボンディの完全宇宙原理のことなのである。カーターは、完全宇宙原理は支持できないと考え、その理由として次の二つを挙げた。

（a）われわれが存在するためには、特別に好都合な条件（温度、化学的環境など）が必要であること。

（b）宇宙は進化しており、局所的なスケールでは決して空間的に均質ではないこと。

（a）は、当たり前のことを言っているように思われる。たしかに、地球上の生物であるわれわれは、高温すぎる水星でも、低温すぎる火星でも生きてはいけず、特別に好都合な条件を必要としている。しかしそれは単に、われわれは存在できる場所に存在している、というだけのことなのではないだろうか？　ところが、少しあとで見るように、カーター

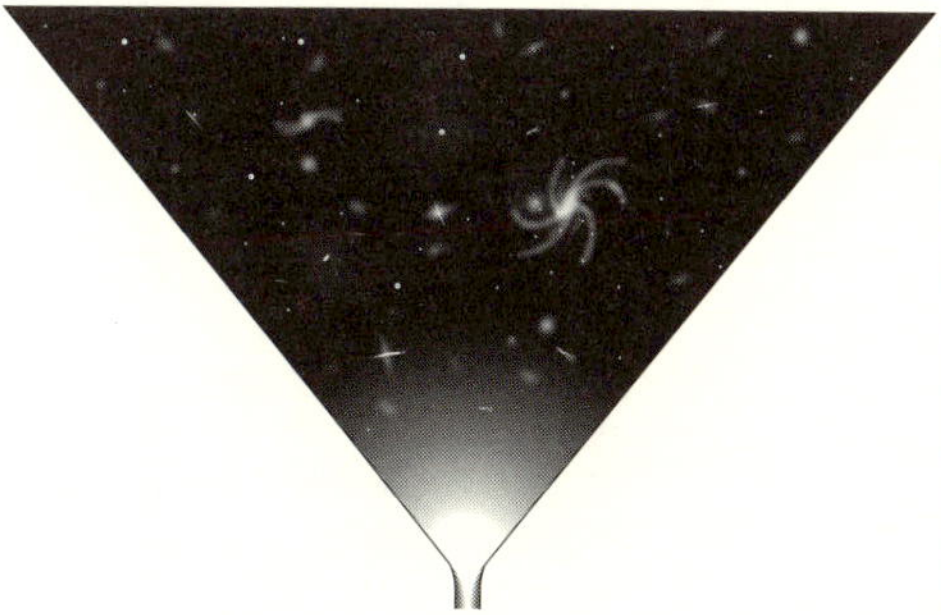


**図3-2　宇宙は高温高圧の状態で始まり、膨張を続けながらさまざまな構造が生まれた。このさき、宇宙はさらに膨張し、物質はしだいにまばらになっていくだろう。**

はわれわれの存在に、「観測者」という特殊な意味を持ち込むのである。

（b）は、カーターが「変化する宇宙像」を支持していることを示している。彼は、宇宙はど、こ、で、も、い、つ、で、も、同じだとする、ボンディの「変化しない宇宙像」に反対を唱えているのである。

今日のわれわれはビッグバン・モデルにすっかり慣れ親しんでいるので、宇宙の年齢が有限（百三十七億年）であることや、宇宙は進化しており、いろいろな時期にさまざまな構造が生じたということは、ほとんど常識だと思っている。

そのビッグバン・モデルの宇宙像を示したのが、図3－2である。この宇宙像では、宇宙は高温高圧の状態から出発して、膨張しながら低温低圧になり、それにともなってさまざまなスケールの構造が生じたとされる。今後、宇宙はさらに膨張し、物質はどんどんまばらになっていくだろう。高温高圧の初期宇宙には、われわれは存在しなかっただろうし、物質がすっかりまばらになった極低温の未来宇宙にも、われわれは存在しないだろう。われわれは存在できる条件が満たされているときに存在している。それだけのことだ——と、今日のわれわれならば考える。

しかし、カーターがこの論文を発表した当時はまだ、ビッグバン・モデルは今日のような地位を獲得してはいなかったのである。

### 宇宙背景放射の検出

カーターが人間原理の論文を発表したのは、前述のように一九七四年のことだが、彼がそのアイディアを初めて公にしたのは、一九七〇年、プリンストン大学で開かれた国際会議の場でのことだった。

その異様なアイディアにスティーヴン・ホーキングらが注目し、自分の論文中でカーターの仕事に言及するようになったため、傑出した物理学者で、ブラックホールの名づけ親としても知られるジョン・ホイーラーが、人間原理のことをきちんと論文にまとめて発表したほうがよいとカーターに勧めたといういきさつがある。

ホイーラーは、一見すると突拍子もないが、明らかなまちがいがあるわけではなく、むしろ大きな可能性を感じさせるようなアイディアが大好きで、リチャード・ファインマンをはじめ、多くの才能ある物理学者を励ましたことで知られている。

そのホイーラーが、人間原理という、何やら不穏なアイディアをどう受け止めたらよいかはまだわからないものの、そこに何か新しい観点が含まれている気配を嗅ぎ付けたというのは、なかなか興味深いエピソードではある。

話を元に戻すと、カーターが初めて人間原理というアイディアを公にした一九七〇年という年は、ビッグバン・モデルと定常宇宙モデルの力関係が大きく変わりつつあった時期にあたっている。というのも、その五年前の一九六五年に、初期宇宙の「晴れ上がり」のときに自由になった光が、偶然にも検出されたからである。

当時、アメリカのニュージャージー州ホルムデルにあるベル電話研究所で、アーノ・ペンジアスとロバート・ウィルソンという若い二人の研究者が、もともとは通信衛星からの信号を受信するために作られた角型《つのがた》アンテナを電波望遠鏡に転用して、宇宙の電波源を調べようとしていた。

できるかぎり精度の高いデータを得たかった二人は、装置そのものや環境からの電波ノイズを徹底的に洗い出そうとした。ところが、なんとしても出所を突き止めることのできない、しぶとい雑音があったのである。二人は、ありとあらゆる電波源を疑ったが、考えられるかぎりの可能性をひとつひとつ潰していっても、どうしても残ってしまう無視できない雑音が、宇宙のあらゆる方角からアンテナに飛び込んでくるのだった。

しかもその雑音電波の波長分布が、どの方向でもみな同じ、絶対零度から三度だけ高い黒体放射スペクトルと呼ばれる独特の形をしていたのである。その状況をたとえて言えば、宇宙のどの方向を眺めても、「3度K」と書かれた揃いのハチマキを締めた光子軍団が目に飛び込んでくるというようなものだ。それは明らかに異様な光景だった。そんな光子軍団がなぜ存在するのか見当もつかなかったペンジアスとウィルソンは、他の研究者たちに、これはいったい何だろうかと相談をもちかけていた。

ちょうどそのころ、ベル研究所のあるホルムデルからは目と鼻の先のニュージャージー州プリンストンでは、宇宙物理学者のロバート・ディッケとジェームズ・ピーブルズがビッグバン・モデルを詳しく検討し、初期宇宙の「晴れ上がりの時期」に自由になった光が、今日では波長約1ミリメートルの電波として検出されるはずであることに気づいていた。二人はそれを論文にまとめ、プレプリント（雑誌に掲載される前の原稿）として仲間の宇宙論研究者たちに送った。そのプレプリントを読んだ物理学者の中に、ペンジアスとウィルソンから、正体不明のマイクロ波について相談を受けていた者がいたのである。

その人物は急いでペンジアスに電話をかけると、二人が検出した雑音は、初期宇宙で初めて自由になった光が、宇宙の膨張とともに波長が伸びてマイクロ波領域の電波になったものかもしれないと伝えた。ペンジアスはその説明に即座に合点がいき、さらに詳しい話を聞かせてもらおうと、プリンストン大学のディッケに電話をかけた。

ペンジアスからの電話がかかってきたとき、ディッケはちょうど、理論的に予想されたマイクロ波を検出するための望遠鏡建設プロジェクトのミーティングの最中だった。ひと通りペンジアスと話をして受話器を置いたディッケは、その場にいたグループのメンバーたちにこう伝えた。「諸君、われわれは先を越されたよ」。

一九六五年、ペンジアスとウィルソンによるマイクロ波検出の論文と、二人が検出したマイクロ波の宇宙論的意味を明らかにするディッケらの論文とが、天文学の同じ専門雑誌の同じ号に掲載された。ディッケはそのほかにも、『サイエンティフィック・アメリカン』誌に解説記事を執筆している。

しかし、どちらのグループの論文にも、またディッケの解説記事にも、一九四八年に、ガモフのチームがその光の存在をすでに予測していたことは触れられていなかった。ガモフたちの先駆的な仕事は、そのころまでにすっかり忘れられていたのである。

その後ガモフは自分たちの仕事を認めてもらおうと努め、今日では、ビッグバン・モデルの歴史を扱った本で、ガモフ、アルファー、ハーマンの努力が無視されることはない。

## ビッグバン・モデルが最有力候補に

こうして初期宇宙の「晴れ上がり」の時期に自由になった光はついに発見された。NASAの研究者ロバート・ジャストローはこの業績を、「近代天文学の五百年間で、もっとも偉大な発見のひとつ」と称えた。

ペンジアスとウィルソンはその仕事に対し、一九七八年にノーベル賞を授けられた。ふたりのノーベル賞受賞は、ビッグバン・モデルが宇宙論の最有力候補に躍り出たことを象徴する出来事だった。

つまりカーターの論文が発表された時期は、宇宙背景放射の検出された一九六五年から、ペンジアスとウィルソンがノーベル賞を受賞することになる一九七八年までの、ほぼ真ん中にあたっているのである。

カーターの仕事は、多くの人がビッグバン・モデルの支持にまわるという当時の流れの中に位置づけることができよう。彼はビッグバン・モデルの「変化する宇宙像」を支持し、定常宇宙モデルの「変化しない宇宙像」に疑問を突きつけたのである。

## 人間原理の導入

カーターはその論文の中で、彼が完全宇宙原理を疑う理由として、前述の（a）（b）という、宇宙マイクロ波背景放射が検出されて、ビッグバン・モデルを支持する証拠が得られた今となっては、多くの人が受け入れそうな理由を挙げた。

それに続けてカーターは、ボンディが投げかけた謎、コインシデンスを説明するという仕事に取りかかった。彼はこう切り出した。ボンディが挙げたコインシデンスを説明するためには、「奇異な（エキゾチックな）」理論に頼らずとも、「普通の（コンベンショナルな）」理論で十分である、と。

カーターの言う「コンベンショナルな」理論とは、物理学の根幹となるような法則を破らず、観測からも支持されている、一般相対性理論にもとづく理論のことであり、具体的にはビッグバン・モデルを指している。

ディラックの理論は、物理定数はじつは定数ではなく、時間とともに変化するという大胆な仮定を含んでいたし、ボンディらの定常宇宙モデルは、宇宙空間にポツポツと物質が生じる必要があるために、物理学の根幹であるエネルギー保存則を破っていた。それに対してビッグバン・モデルは（「宇宙誕生の瞬間」そのものを棚上げしているという難点に目をつぶれば）、一般相対性理論の重力場方程式から導かれたモデルであって、従来の物理学の基礎をゆるがすような特殊な仮定は何も置く必要がなかったのである。

ここまでのところ、ほとんどの物理学者はカーターの論文を黙って読み進めたことだろう。誰だってエネルギー保存則を破りたくはないし、物理定数が定数でないとなれば、たとえその変化がどれほどわずかだとしても、ことは重大だからである。

ところがカーターは、それに続いてとんでもないことを言い出したのである。ボンディの挙げたコインシデンスを、「コンベンショナルな」理論で説明するためには、「人間原理」とでも呼ぶべきものを受け入れる必要がありそうだ、というのだ。

人間原理という言葉は、物理学者にとっては警戒警報が大音量で鳴り響くような、とてつもなく怪しい響きをもっている。第1章で見たように、近代の学問は（カントの言葉を借りて象徴的に言うなら）「わたしの上なる星空」と「わたしの内なる道徳法則」という、別々の二つの道を追求してきたのだった。

科学は、われわれ人間のありようとは関係なく、その外側に広がる宇宙を理解しようとしてきたのではなかったのか？　カーターは、ボンディの言う完全宇宙原理の代わりに、何を受け入れなければならないと言っているのだろうか？

## 普通の物理学で説明できるコインシデンス

カーターは人間原理を具体的に説明するために、コインシデンスを三つのタイプに分類した。ボンディの挙げた三つのコインシデンスは、それぞれのタイプの代表例になっている。

第一のタイプのコインシデンスは、人間原理を使わなくとも、「普通の物理学」だけで説明がつく、とカーターは述べた。ボンディが『宇宙論』を世に問うてから、カーターの論文が出るまでの二十年間に、物理学は大きく進展し、かつては「あれ？」と不思議に思われたコインシデンスの中にも、普通の物理学で説明できるものが出てきたのである。

たとえば、恒星の質量と重力とのあいだにみられる関係などもそのひとつだ。恒星の大きさや色にはさまざまあり、赤くて大きく膨らんだ赤色巨星もあれば、小さくて白い白色矮星もある。しかし、恒星の質量はつねに、重力結合定数の逆数と同程度の大きさであることが知られており、その関係を表す無次元量にも$10^{40}$という比が現れる。

一九七〇年代の初めまでには、恒星はどのように形成されるかが解明されたことで、このコインシデンスは説明できるようになっていた。その説明はおおよそ次のようなものである。

星ができるときには、まず、素材となるガス雲が不安定になる。大きくぼんやりと広がっていたガス雲が、ちぎれるように分裂していくのである。しかし分裂が何度か繰り返され、生まれつつある星から外向きに出てくる放射圧と、ガスを内向きに収縮させようとする重力の強さとが、ある関係を満たすようになると、ガスの領域はそれ以上分裂しなくなる。その後、すでに分裂したガス領域がそれぞれに重力の作用で収縮し、星が誕生するのである。

このプロセスが解明されたおかげで、重力の強さと星の質量とのあいだに一定の関係があることは、電磁力と重力に関する普通の物理学だけで説明できるようになっていたのだった。

## 宇宙の年齢には一定の縛りがある

しかし、第二のタイプのコインシデンスを説明しようとすると、「弱い人間原理」を受け入れる必要がありそうだ、とカーターは述べた。

カーターが第二のタイプのコインシデンスの例として挙げたのは、宇宙の膨張速度を表すハッブル定数と、重力の強さを表す量との比に、巨大数$10^{40}$が現れることだった。

おおざっぱに言って、膨張速度が大きければ宇宙の年齢は小さく、膨張速度が小さければ宇宙の年齢は大きい――つまりハッブル定数は、宇宙の年齢と関係している。したがって、コインシデンスを表す等式の左辺に宇宙の年齢が含まれ、右辺は定数（巨大数）ならば、宇宙の年齢はおおよそ決まることになる。

コインシデンスは、おおざっぱな桁の関係式として表されているので、宇宙の年齢がピタリと決まるわけではなく、「だいたいこれぐらいの桁の数」というぐらいの話にしかならない。しかし、たとえおおざっぱな桁の話ではあっても、宇宙の年齢がある幅の中に抑えられるというのは、非常に興味深いことなのである。

じつを言えば、宇宙の年齢に一定の制約があるということに気づいたのは、カーターが最初ではなかった。カーターの発表よりも十年ほど早い一九六一年に、ロバート・ディッケ（宇宙マイクロ波背景放射の検出で遅れをとり、ノーベル賞を逃したあのディッケ）が、そのことを指摘していたのである。

ディッケは、当時大きく進展していた星の一生に関する研究にもとづき、次のように論じた。

もしも宇宙が今よりもずっと年を取っていたなら、この銀河系の恒星の大半は、すでに燃え尽きているだろう。逆に、もしも宇宙が今よりもずっと若かったなら、地球の核を構成している鉄や、われわれ生物に必要不可欠な炭素などの元素も、まだ存在していなかっただろう。（水素とヘリウム、その他わずかな軽い元素は、初期宇宙の高温高圧状態のなかで合成されたが、もっと重い鉄などの元素は、星の中心部で合成され、星の寿命が尽きて爆発を起こしたときに、宇宙空間にばらまかれたものだ。われわれの体内にある重い元素はすべて、星の原子炉で合成されたのである。こうした元素合成のプロセスが明らかになったのは、一九五〇年代のことだった。）その意味で、宇宙は年を取りすぎていても、若すぎてもならず、ちょうど良いぐらいの年齢でなければならない、と。

ディッケの論文が出た一九六一年は、宇宙背景放射の発見（一九六五年）よりも早く、決定的なデータがないままに、ビッグバン・モデルと定常宇宙モデルが競合していた時期にあたっている。ディッケは、ボンディが示したコインシデンスのひとつは、「宇宙は進化している」と考えれば説明できることをいち早く指摘し、ビッグバン・モデルに有利な情報を付け加えたといえよう。

カーターもまた、変化する宇宙のほうに天秤の重りを加えるという意味では、ディッケと同じ路線を歩んでいたのである。

## 3　弱い人間原理

### 「弱い人間原理」の気がかりな表現

しかし、「弱い人間原理」について語るカーターの文章には、気がかりな表現が含まれていた。カーターはじつのところ、「弱い人間原理」についてどう語っただろうか？　その部分を見てみよう。

このコインシデンス［宇宙の年齢に制約があること］は、宇宙におけるわれわれの居場所は、観測者としてのわれわれ［人間］の存在と両立しなければならないという意味において、特権的なものにならざるをえないという、「弱い人間原理」を受け入れる覚悟が必要であることを示している。

まず、「観測者としてのわれわれ」という表現がくせものだ。「観測者」という言葉をめぐっては、一九三〇年代以来、物理学は大混乱だった。とりわけカーターがこの論文を書いた一九七〇年代には、この言葉が科学の領域にとどまらず、広く現代思想の領域にまで流れ出し、最新の科学というニュアンスをまとったファッショナブルな用語になっていたのである。

「観測者としてのわれわれ」という表現には、ゴキブリなどとは異なり、人間は特別なのだという含みがある。ゴキブリは宇宙を見上げてあれこれ思索したりはしない、というわけだ。

しかし、物理法則は、人間とゴキブリとを区別しない――少なくとも、区別していると考えるだけの十分な根拠はない。物理学の話をしながら、根拠もなく人間とゴキブリを区別するのは、科学的な推論に何かが混じり込んでいることをほのめかすのである。

カーターの「人間原理」を、多くの物理学者が強く警戒したのも驚くにはあたらない。カーターの議論に混じり込んでいる何かの正体は、すでに見えていたからだ――科学にとっては宿命の敵というべき、「目的論」である。

## 人間原理が嫌われた最大の理由――目的論

この世界を理解する方法のひとつとして、「目的」という考え方を体系的に打ち出したのは、やはりと言うべきか、万学の祖アリストテレスだった。

彼は、「ものごとは、なぜそうなっているのか？」という問いに対しては、原因を示して答えなければならないと考えた。ものごとは多面的なので、ひとつの原因だけで説明できてしまうということはなく、探究にはいくつものアプローチがあり、それに対応していくつもの原因があるというのは当然のことだろう。

しかし基本的な型は四つだ、とアリストテレスは考え、それらを「質料因」「形相因」「動力因」「目的因」と呼んだ。

質料因は、ものごとのありようを、物質の性質という側面から説明しようとするときに示されるべき原因である。形相因は、たとえば一匹の猫のありようを、猫の本質とは何かということから説明しようとするときに示される原因であり、動力因は、変化を説明しようとするときに示されるべき原因である。

そして、「何かがそれのためにある」と言うときの「それ」が、目的としての原因である。原因を示して説明をするのが自然学の方法論である以上、原因としての目的を示すのもまた、説明のひとつのかたちである、というのが目的因の考え方である。

たとえば、口は、ものを食べるという目的に合った機能をもっている。ツバメが巣をかけ、蜘蛛が網を張るのも、何かのためでもある。だとすれば、自然界のものごとに目的因があるのは明らかだろう、とアリストテレスはいう。彼の議論は、今日の言葉でいえば適応や効率といった概念となじみがよく、ダーウィンの進化論を知っているわれわれには受け入れやすいのではないだろうか。それは、さらなる自然の探究を妨げない、懐の深い開かれたものの見方だったといえよう。

しかしストア派の人たちは、アリストテレスのそれとは異なる目的論を唱えた。それは、神（この場合はゼウス）が、神々と人間のために、この世のいっさいを作った、という考え方である。そう考えれば、あらゆるものについて、それらは（神々と）人間に奉仕するために存在するのであるという、きわめて人間中心的な説明がつくことになる。

たとえばストア派によれば、孔雀の羽は人間の目を楽しませるために存在し、雄の孔雀の本体（羽を支えている体）は、そのための道具にすぎないということになる。人間にとっては危険きわまりない、恐ろしい猛獣さえも、人間の勇気を鍛えるために存在するとされた。なんとご都合主義の説明だろうと思うかもしれないが、神の存在を信じる文化の中では、そう考えるのがむしろ当然なのである。

ストア派が唱えた目的論には、人びとの胸にストンと落ちるものがあった。しかし、なんでも「神がその目的のためにデザインしたから」という説明で片付けてしまうことになるため、科学的知識の進展という観点からすると、袋小路の考え方だと言わなければならない。

ストア派の目的論はユダヤ＝キリスト教の聖典である旧約聖書に書かれていることと相性が良かったため、キリスト教が支配的になってからは、目的論と言えば、「神（ここではもちろんユダヤ＝キリスト教の神）が、なんらかの目的のために、そのようなものとして作った」という考え方を指すようになった。

今日の世界では、何もかも神のせいにしてすませるような目的論は、すでに力を失っているのだろうと思うかもしれない。しかし実情はそうではない。とくにアメリカでは、インテリジェント・デザイン論と呼ばれる新たな目的論が広がり、大きな問題になっているのである。それにこのような目的論には、いつの時代も人の琴線に触れるものがあるようだ。それだからこそ、ほとんどの科学者は、目的論を匂わせるものに出くわすと、頭の中で警戒警報が鳴り響くのである。

カーターの「弱い人間原理」の定義は、なにやら微妙でわかりにくい表現だと思うかもしれない。しかし長い歴史の中で目的論と闘ってきた科学者にとってみれば、そこに盛られているのが一種の目的論であることは、一読してピンとくるのである。

カーターの言葉には、ルネサンス人コペルニクスの思想と響き合うものがある。第1章で見たように、コペルニクスは、神が与えてくれた理性を使えば、神が人間のために創造してくださったこの宇宙を理解することは可能だと考えていたのだった。しかし今日の科学者にとって、神や目的のようなものを持ち出すことは、説明の放棄にほかならない。カーターの「弱い人間原理」は、宇宙における人間の特権性を云々するというだけでも、多くの科学者にとっては、はなからアウトだったのである。

しかし、「観測者」という言葉の意味不明さや、目的論の匂いを振りまいたことのマズさはとりあえず棚上げして、物理的な内容だけに注目すれば、カーターが、「弱い人間原理」を受け入れなければ説明できないといったコインシデンスは、今日では、ごく普通の言葉で説明できるようになっている。

われわれ人間が、宇宙誕生後のある時期に生きているということは（時間的な条件）、われわれがちょうどよい大きさの恒星からほどよい距離にある惑星上に生きていること（空間的な条件）と同様、普通の科学を超えた特別な説明を要するようなことではなく、あらゆる観測に必ずついてまわる、「観測選択効果」のためなのである。

## 観測選択効果

観測選択効果はとても簡単かつ常識的なことなので、科学に関する一般向けの本の中で、わざわざ説明されることはまずめったにない。しかし人間原理をめぐる話では格別に重要になってくるので、ここで少し詳しく取り上げることにしよう。

実験家ならば誰しも、観測選択効果のことをつねに念頭に置いている。例としてよく持ち出されるのは、湖に網を打って魚を捕るという話だろう。もしも網目が直径5センチもあるような粗い網だったなら、小さな魚は網にかからず、漁師は、「この湖には胴回りの直径が5センチ以下の小さな魚はいないようだ」と結論してしまうかもしれない。一方、もしも直径5ミリほどの目の細かい網を使ったとしたら、メダカのような小さな魚もどっさりかかるだろう。どんな網を使うかによって、見えるものがちがってくるのである。

実験家はつねに、そういう観測選択効果の罠にかかって誤った結論を出してしまわないように、自分の使っている手法の限界を把握するために細心の注意を払っている。

この魚捕りの例は、一般的な観測選択効果を説明するにはぴったりなのだが、人間原理の説明としては、いまひとつしっくりこない。というのも、魚捕り網の例でわれわれが注目するのは、観測者が用いる「手法」であるのに対し、人間原理で注目するのは、観測者が存在する「時間」と「場所」だからである。

そこで、次のような例を考えてみよう。現代とくらべて人間の移動が少なく、情報も限られていた古代世界で、「この世界の温度は平均してどれぐらいか？」と質問をしたとしよう。メソポタミア文明のころの人なら、「真っ赤なケシの花が野原一面に咲くころの気温？」などと答えるかもしれないし、アフリカ大陸の南端に住む人なら、「氷が水になる温度？」などと答えるかもしれない。つまり、その人が住んでいる場所（と時期）によって、世界の平均気温は大きく異なるのである。

今日のわれわれは、宇宙の平均温度は、地球上の日常経験からは想像を絶するほど低い、マイナス二百七十度ほどの極低温であることを知っている。それは観測と実験によって高い精度で裏付けられた、きわめて信頼性の高い知識である。つまり、「この世界の平均温度はどれぐらいか？」という質問に対し、「世界」という言葉が指すものの変化ということまで含めて、いつ、どこで、どのように観測するかといった条件によって、答えは大きく変わってくるのである。

さらに今日では、現在の平均温度の値だけでなく、宇宙の誕生直後から今にいたるまで、宇宙の温度がどのように変化したかもわかっている。おおざっぱに言えば、宇宙の始まりは温度が高く、それから徐々に冷えたのである。高温のプラズマ状態だった初期宇宙にはわれわれは存在しなかったし、遠い未来、星が死に絶えて冷え切った宇宙にもわれわれは存在しないだろう。われわれは、存在可能な条件が満たされた時代に存在しているのである。

宇宙全体のスケールから、惑星地球のスケールに話を移してみると、いっそうわかりやすいかもしれない。地球ができたばかりのドロドロに融けた高温の時代にはわれわれは存在しなかったし、赤色巨星となった太陽に飲み込まれる直前の、今から五十億年ほど未来の灼熱の地球上にも、われわれは存在しないだろう。そういう時期にわれわれがいないのは当然であって、何か特別な説明を要するような驚くべきことではない。

つまり、ビッグバン・モデルが描き出す宇宙の進化が広く受け入れられている今日からすれば、「弱い人間原理」＝「観測選択効果のマズイ表現」だったと言えるのである。

カーターが「弱い人間原理」を受け入れなければ説明できないと考えたことは、すでに説明されている。人間は、存在できる時期と場所に存在しているのである。したがって、カーターの「弱い人間原理」はもはや問題にはならない。じっさい、今では物理学者の多くも、このタイプの人間原理については問題にすらしていない。

しかし、カーターが「強い人間原理」を受け入れなければ説明できないとしたコインシデンスのほうは、今も大いに論争の種になっているのである。

## 強い人間原理

第三のタイプの「コインシデンス」は、ボンディの例では、宇宙に存在する陽子の個数と関係していた。おおざっぱには、それは宇宙に含まれる物質量に相当する。カーターによるこのタイプのコインシデンスの説明を噛み砕けば、おおよそ次のようになるだろう。

ビッグバンが起こって宇宙が膨張を始めたとき、その後の宇宙のたどる経路には三つのタイプがある（図3－3）。

曲率が正のとき、宇宙の膨張はいつか止まり、その後収縮に転じる。曲率がゼロのとき、宇宙は、速度を緩めながらも膨張を続ける。曲率が負のとき、宇宙の膨張は加速し、しだいに速度を増しながら膨張する。

カーターは、もしも宇宙に含まれる物質量（おおざっぱに陽子の個数）が大きすぎれば、重

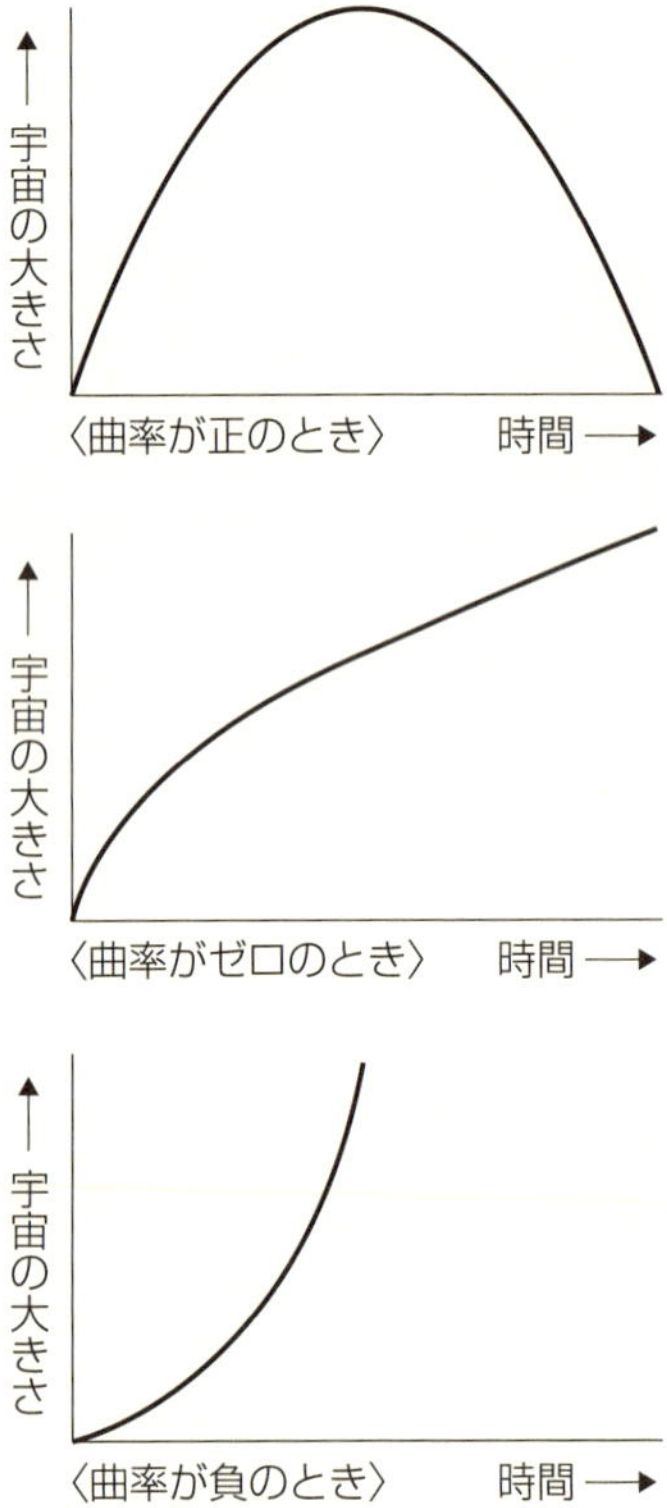


**図3-3　宇宙が膨張を始めたときの勢いとブレーキの役目を果たす物質量とのバランスで、その後の宇宙のなりゆきが決まる。物質が多ければ曲率は正となり、宇宙は収縮に転じる。物質量がちょうどよければ曲率はゼロで、宇宙は速度を緩めながらも膨張を続ける。物質量が少なすぎれば、曲率は負となり、宇宙は勢いよく膨張する。**

力の作用が膨張にブレーキをかけ、われわれ人間が存在できるほど大きくなる前に、宇宙は収縮に転じて消えてしまうだろう、と述べた。

そして彼は、のちに銀河や銀河団などの構造ができるためには、初期宇宙がどんな条件を満たしていなければならないかを考えた。もしも物質量が少なすぎれば、構造が形成されないうちに、宇宙はどんどん膨張してしまうだろう。銀河のような構造が形成されなければ、われわれのような生命も存在できないだろう。

カーターは、これら二つの条件を合わせると、ボンディの三つ目のコインシデンスが説明できることを示した。つまり、われわれ（知性ある観測者）が存在するという条件を課すことにより、単にこの宇宙に人間が出現した時期だけでなく（それについては「弱い人間原理」で説明することができる）、宇宙の「寿命」、すなわち宇宙そのものがもつ性質も説明できるというのだ。

カーターは「強い人間原理」について、次のように述べた。

宇宙は（それゆえ宇宙の性質を決めている物理定数は）、ある時点で観測者を創造することを見込むような性質をもっていなければならない。デカルトをもじって言えば、「我思う。ゆえに世界はかくの如く存在する」のである。

カーターが「弱い人間原理」で説明しようとしたコインシデンスは、さきほど見たように、観測選択効果で説明できるようになった。

しかし彼が「強い人間原理」で説明しようとしたコインシデンスは、それではすまない。なぜならこのコインシデンスは、われわれは「この宇宙の中で、存在可能な条件が満たされた時期と場所に」存在しているという話ではすまず、「そもそも宇宙はなぜこのような宇宙だったのか」という問題にかかわっているからである。

# 第４章　宇宙はわれわれの宇宙だけではない

## 1　強い人間原理と「多宇宙」

### 無数の宇宙を考えてみる

カーターは、「強い人間原理」を認めれば、つまり「人間がこの宇宙に出現できるためには……」という目的論的な条件を課せば、たとえば「重力の強さは、かくかくしかじかの範囲に収まらなければならない」というかたちで、物理定数の値を絞り込むことができると主張した。

そうして絞り込まれた値が、現に観測されている値とよく合うなら、「強い人間原理」を採用することによって、物理定数がなぜ今のような値になっているのか――宇宙はなぜこのような宇宙なのか――という、途方もなく重大な問いに答えられることになる。

前章で見たように、「弱い人間原理」は、われわれは自分たちが存在できるような場所と時期に存在しているというだけのことであって、一種の観測選択効果とみなせるのだった。

しかし、「宇宙（*universe*）」は、uni という通りひとつなのだから、「われわれは、たくさんある選択肢の中で、自分たちが存在できるような宇宙にいるだけのこと……」と言うわけにはいかず、したがって観測選択効果をもちこむ余地はない。つまり、もしも「強い人間原理」が有効だということになれば、正真正銘、目的論が復活することになりそうなのだ。二十世紀も後半になって、科学は新たな神の存在証明を成し遂げたというのだろうか？　そんな馬鹿な！　というのがほとんどの物理学者の反応だった。

　ところが、こうして強い人間原理とはどういうことかを説明したカーターは、それに続けて意外な方向に話を進めた。彼は、「物理定数の値や初期条件が異なるような、無数の宇宙を考えてみることには、原理的には何の問題もない」と言い出したのである。

　もちろん、考えるだけだったら何も問題はないだろう。そのような宇宙——物理定数の値や、宇宙が始まったときの条件（初期条件）が異なる宇宙——を無数に取り揃えた想像上の集合を、カーターは「世界アンサンブル」と呼んだ。

　そして彼は、もしも宇宙が無数にあるのなら、「強い人間原理」は、「知的な観測者が存在できるような宇宙は、世界アンサンブルの部分集合にすぎない」という、当たり前のことを言っているだけにすぎない、と述べたのである。

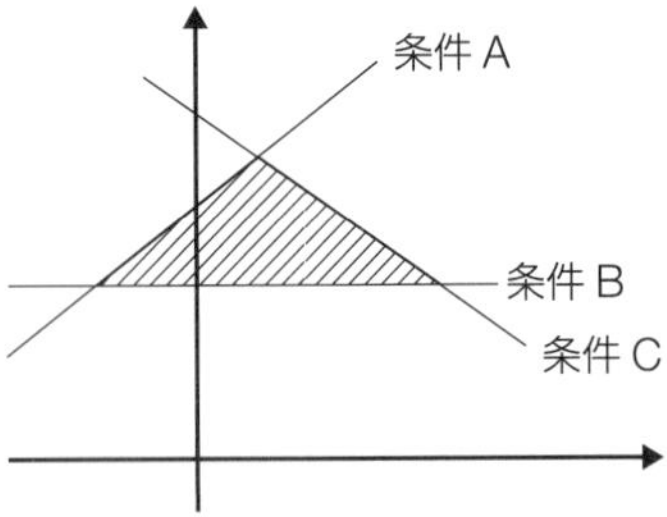


**図4-1　カーターの世界アンサンブルを二次元で表したもの。平面上の各点がひとつの宇宙を表している。A、B、C…の条件を満たす領域（斜線部分）がコグニザブル・ゾーン。**

## カーターの世界アンサンブル

図4－1は、カーターの世界アンサンブルを、二次元平面として模式的に表したものである。この図では、平面上のひとつひとつの点が、それぞれ異なる性質をもつ宇宙に対応している。

この世界アンサンブルの中で、知的な観測者が存在できるような宇宙の集合を、斜線で示した。もちろん、われわれの宇宙は斜線部分に含まれている。重力が強すぎても弱すぎてもわれわれは存在できないし、その他の物理定数の値が変わっても、おそらくわれわれは存在できないだろう。重力やその他もろもろの物理定数の値が、われわれにとって大きくもなく小さくもなく、ちょうどよいぐらいの値になっているのが、この斜線部分である。

カーターはこの斜線部分を、「認識能力をもつ観測者が存在できる領域」という意味で、「コグニザブル・ゾーン（cognizable zone）」と呼んだ。生命に適した領域を、「ハビタブル・ゾーン（habitable zone）」と呼ぶのに倣《なら》った命名だろう。

そしてカーターはこう述べた。「強い人間原理」など断じて受け入れられないという人でも、知的な観測者が存在できる宇宙は、世界アンサンブルの部分集合にすぎないという話なら、多少とも受け入れやすいのではないだろうか、と。

カーターは何を言わんとしているのだろうか？

今日の観点から解説するなら、彼は、「強い人間原理とは言っても、観測選択効果のようなものにすぎない」と言っているのである。われわれは、無数にある宇宙の中で、たまたまわれわれの存在を許すような宇宙に存在している、というだけのことであって、目的論のレッテルを貼って拒絶しなくてもよかろう、というのが、カーターの「コグニザブル・ゾーン」の議論の中身なのである。

しかし、強い人間原理が観測選択効果であるためには、無数の宇宙がリアルに存在している必要がある。さもなければ、強い人間原理はあくまでも観測選択効果のようなものでしかなく、観測選択効果そのものではありえない。そしてカーターがこの論文を発表した一九七四年当時、無数の宇宙がリアルに存在すると考える理由はとくになかったのである。

## エヴェレットの多世界解釈

カーターはあらかじめ批判を予想して、「ひとつの宇宙（われわれの宇宙）しか知らないというのに、宇宙が無数に存在すると仮定するのは、原理的にさえも望ましくないと思う人もいるかもしれない」と予防線を張った。そして彼は次のような、興味深い言い訳をしたのである。

しかし世界アンサンブルというアイディアは、量子力学のエヴェレット説と比べて、それほど突飛というわけでもないのである。

ここでカーターの言う「量子力学のエヴェレット説」とは、それより十七年前の一九五七年に、ヒュー・エヴェレット三世というプリンストン大学の大学院生が提唱した量子力学の解釈で、主流のコペンハーゲン解釈が抱えていた「波動関数の収縮」という厄介な問題を、個々の観測者がそれぞれひとつの「状態」に含まれていると考えることにより解消するというものだった。

今日、このいわゆる「エヴェレットの多世界解釈」は非常にポピュラーになっており、「多世界」「多宇宙」「平行世界」「平行宇宙」といった言葉がキーワードになるような一般向けの本では、何はさておきエヴェレットの多世界解釈が紹介されることが多い。

何かが起こるたびに世界が枝分かれしていくという話を、きっとみなさんもどこかで見聞きしたことがあるだろう。漫画やアニメ、小説などで、舞台の設定やトリックなどにパラレルワールドが使われるとき、その物語に枠組みを与えているのは、たいていはエヴェレットの多世界解釈なのである。現代物理学からインスピレーションを得たアイディアの中で、今日の大衆文化にもっとも広く浸透しているのは、エヴェレットの多世界解釈かもしれない。

しかし、量子力学の多世界解釈の場合、そこから本質的に新しい宇宙——重力の強さがちがったり、粒子の種類や質量がちがったりするような宇宙——が出てくるわけではない。なぜならエヴェレットの解釈は、ひとつの方程式から得られるさまざまな解を重ね合わせるというものなので、どの世界もみな、本質的には同じ世界だからである。もともとエヴェレットは自分のその仕事のことを、「多世界解釈」ではなく、「相対状態定式化」と呼んでいたのだった。

埋もれていたエヴェレットのアイディアを、「多世界解釈」という名前で世に出したのは、ブライス・デウィットという物理学者で、デウィットの解説論文が発表されたのは、エヴェレットが学位論文を書いてから十年後の一九六七年のことだった。

今日でも、エヴェレットの学位論文そのものを読んだことがあるという人は稀で、多世界解釈の文献として引用されるのは、たいていデウィットの論文である。一九七四年のカーターの論文でも、引用されていたのはデウィットの論文だった。

いずれにせよ、物理定数の異なるような異質な宇宙が出てくるというわけではないエヴェレットの多世界解釈は、以下で扱う多宇宙ヴィジョンとは直接関係がないため、これ以上は立ち入らない。しかし、エヴェレットの量子力学解釈がデウィットのおかげでよみがえり、物理学者のあいだで広く知られるようになっていた時期に、カーターがその多世界解釈を意識しつつ「世界アンサンブル」というアイディアを打ち出したというのは、時代の雰囲気を伝えていて興味深い。それは、「多世界」や「多宇宙」というアイディアが、物理学者のあいだで徐々に市民権を得つつあった時代だったといえよう。

カーターは論文の締めくくりとして、今後の展望について次のように述べた。もしも「強い人間原理」を使って、いろいろな物理定数の値を絞り込んでいき、どの場合も観測値とよく合う値が得られたなら、いかに世界アンサンブルというアイディアが嫌いな人でも、これをまじめに受け止めなければならないだろう、と。

## ファイン・チューニング騒動

カーターの予想は、半分ははずれ、半分は当たった。「強い人間原理を使って、物理定数の値によく合う値が得られたなら」という前提の部分ははずれ、「世界アンサンブルというアイディアをまじめに受け入れなければならなくなる」という結論部分は当たったのである。

前提が崩れたのなら、結論も無効だろう、と思うかもしれないが（そしてそれはその通りなのだが）、予想外の成り行きにより、「宇宙はわれわれの宇宙だけではなく、性質の異なる無数の宇宙がある」という多宇宙ヴィジョンを、われわれはまじめに受け止めなければならなくなったのである。

カーターの予想の前半部分について言えば、強い人間原理を使って物理定数の値を絞り込むというアプローチは、一時期みごとに成功すると喧伝され、「ファイン・チューニング（微調整）」の論法として知られるようになった。この宇宙は人間のためにファイン・チューニングされているという話は、人間原理をめぐる話にはかならず登場するので、今では説得力を失った論法ではあるけれども、ここで少しだけ見ておくことにしよう。

前章で述べたように、「コインシデンス」とは、「あれ？」と思うような、ちょっと意外な偶然の一致のことである。ハーマン・ボンディは著書『宇宙論』の中で、基本的な物理定数を組み合わせて作った式に、$10^{40}$という巨大数がたびたび現れるというコインシデンスに目を付け、そこにミクロのスケールとマクロのスケールのつながりを解明するための鍵があるかもしれないと考えたのだった。

そのコインシデンスとちょっと似ているが、もっとずっと特殊な意味で使われるのが、「ファイン・チューニング」である。本来は「微調整」を意味するごく一般的な言葉なのだが、人間原理の文脈でこの言葉が使われるときには、「物理定数は、われわれ人間をこの宇宙に登場させるという目的で、今のような値に高い精度で設定されている」というニュアンスを帯びる。そんな「目的」をもって物理定数の値を設定したのは、おそらくは「神」ということになるのだろう。右のカギカッコ内の文で傍点を打った「人間」の代わりに、「意識をもつ存在」とか、「知性をもつ存在」とか、「生命」といった言葉が使われることもある。

しかし、物理定数が、「人間」（または「意識をもつ存在」「知性をもつ存在」「生命」など）が出現できるようにファイン・チューニングされている、という議論を詳しく調べてみると、暗黙のうちに根拠不十分な仮定が置かれていたり、論理に飛躍があったりして、じつは微調整どころか、ゆるゆると言ってよい幅が許されていることがわかってきたのである。

そもそも物理学の観点から言えば、「意識をもつ存在」や「知的な存在」にファイン・

チューニングしなければならない理由はない――なにしろ物理定数は、人間とゴキブリとを区別しないのだから。

物理定数の値について論じながら、「人間」とか「意識をもつ存在」とか、「知的な存在」について語ってしまうのは、それを語っているのが人間だからなのだろう。それに、「生命」にしろ、「知性」や「意識」にしろ、その言葉が指す内容については、今日なお専門家のあいだでさえ合意があるわけではない。そんな状況で、いったい何にファイン・チューニングしようというのだろうか?

人間原理のファイン・チューニングについては、これまで膨大な量の言葉が費やされてきた。しかし、はっきりしてきたことがひとつある――そしてそれに関するかぎりは、みんなの意見が一致している。それは、「基本的ないくつかの物理定数の値が、ほんの少しでも今の値とちがっていたなら、この宇宙はまるでちがうものになっていただろう」ということだ。

たとえば、重力がもっと強かったとすれば、この宇宙はブラックホールだらけの世界になっていただろう。逆に、重力がもっと弱かったとすれば、今日の宇宙に見られる、さまざまな構造はできなかっただろう。どちらにせよ、宇宙の姿は大きく変わることになる。

つまり真の問題は、物理定数が、「人間(または知性、意識、生命など)にファイン・

チューニングされているかどうか」ではなく、端的に、「なぜこの値なのか?」ということなのである。

この問いに対する有力な答えを紹介する前に、以下ではまず、一九八〇年代に観測と理論の両面で起こった大躍進について簡単に見ておかなければならない。

## 2 指数関数的膨張

### ビッグバン・モデルの難題——のっぺらぼう問題

ペンジアスとウィルソンが一九六五年に宇宙マイクロ波背景放射——宇宙の「晴れ上がり」のときに自由になった光——を検出したことは、宇宙論にとって大きな転換点となった。これによりビッグバン・モデルは、宇宙に関する理論の最有力候補に躍り出て、ハーマン・ボンディもライバル・モデルの予測が証明されたことを重く受け止め、定常宇宙モデルを捨てた。

しかし、この時点でみんながみんな、ビッグバン・モデルに乗り換えたというわけではない。たとえば、定常宇宙モデルを提唱したイギリスの三人組のうち、ボンディを除く二人――フレッド・ホイルとトマス・ゴールド――は、その後も定常宇宙モデルの改良に取り組んでいる。

だからといって、この二人は単に頭が固かっただけだろうと考えてはならない。なぜなら、ビッグバン・モデルには解決できない大きな問題が、まだいくつも残っていたからである。ひょっとすると他のモデルのほうが、この宇宙の実像を捉えていて、何かのきっかけで大きく発展しないとも限らなかったのだ。もしもこの時点で宇宙論の研究者がこぞってビッグバン・モデルを支持したとすれば、そのほうがよほど奇妙なことだろう。

じっさい、ビッグバン・モデルが抱えていた問題は、どれもけっして些細な問題ではなかった。そのひとつに、「のっぺらぼう問題」がある。

ビッグバン・モデルによれば、宇宙背景放射が生じたのは、宇宙が誕生してまもないころのことだった（宇宙が生まれてから約四十万年後）。人間の一生でいえば、母親の胎内から外の世界へと、激しい環境変化を乗り越えて誕生した赤ん坊が、新生児室でスヤスヤ眠りはじめたぐらいのタイミングである。

ビッグバン・モデルにとって不都合だったのは、その赤ん坊の顔が、完全にのっぺらぼうに見えたことだ。いくら生まれたばかりの赤ん坊でも、ある程度の造作がなければ、成長して人間らしい目鼻だちにはなりそうにない。それと同じことが背景放射の場合にもいえた。もしも誕生後四十万年の時点で、完全にのっぺらぼうだったなら、その後わずか百億年やそこらでは、今日見るような銀河のちりばめられた宇宙にはなりようがないのである。

百億年というと長い時間のように感じられるかもしれないが、定常宇宙モデルならば永遠の時間があるのだから、それにくらべればほんの一瞬にすぎない。ペンジアスとウィルソンの検出した宇宙背景放射は、あらゆる方角でのっぺりと同じだったため、宇宙には銀河や銀河団といった構造が現に存在するという事実と矛盾するように見えたのである。

しかし、もしも宇宙背景放射にある程度のムラがあれば、初期宇宙の物質密度にもムラがあったという証拠になり、物質密度にムラがあれば、重力の作用により、密度の濃い部分にはさらに物質が引き寄せられて、今日見られるような銀河が生じるだろう。

観測の精度を上げれば、背景放射にゆらぎが見つかるのではないか、とビッグバン・モデルを支持する人たちは期待した。もしもそんなゆらぎが見つかれば、ビッグバン・モデルと、この宇宙に構造が存在するという事実とは矛盾しなくなる。

だが、ペンジアスとウィルソンによる宇宙背景放射の発見以来、観測の精度を上げようという努力が重ねられたにもかかわらず、ゆらぎはなかなか見つからなかった。これが、ビッグバン・モデルに付きまとっていた「のっぺらぼう問題」である。

## ウロボロスの夢

こうした問題が宇宙論の焦眉の課題となっていたころ、素粒子物理学の分野では、力の統一というヴィジョンが大々的に打ち出されていた。

すでに述べたように、二十世紀の初めには、自然界の基本力としては、電磁力と重力の二つしか知られていなかった。われわれが日常経験するさまざまな力——たとえば、蹴躓《けつまず》いて顔面をアスファルトの道路に強打し、鼻血が出るという一連のプロセスで作用する力——は、煎じつめれば電磁力と重力なのである。

ところが、一九三〇年代に原子核物理学という新しい分野が急速に発展すると、新たに「強い力」と「弱い力」という二つの力の存在が明らかになった。

基本力が四つになったわけである。しかし四つというのは、物理学者にとってはちょっと多すぎる数なのだ。そこで物理学者は、四つの力は、じつは同じひとつの力の別の側面なのではないかと考えた。

十九世紀には、電気の力と磁気の力という、従来別々の力とされていたものが、ひとつ

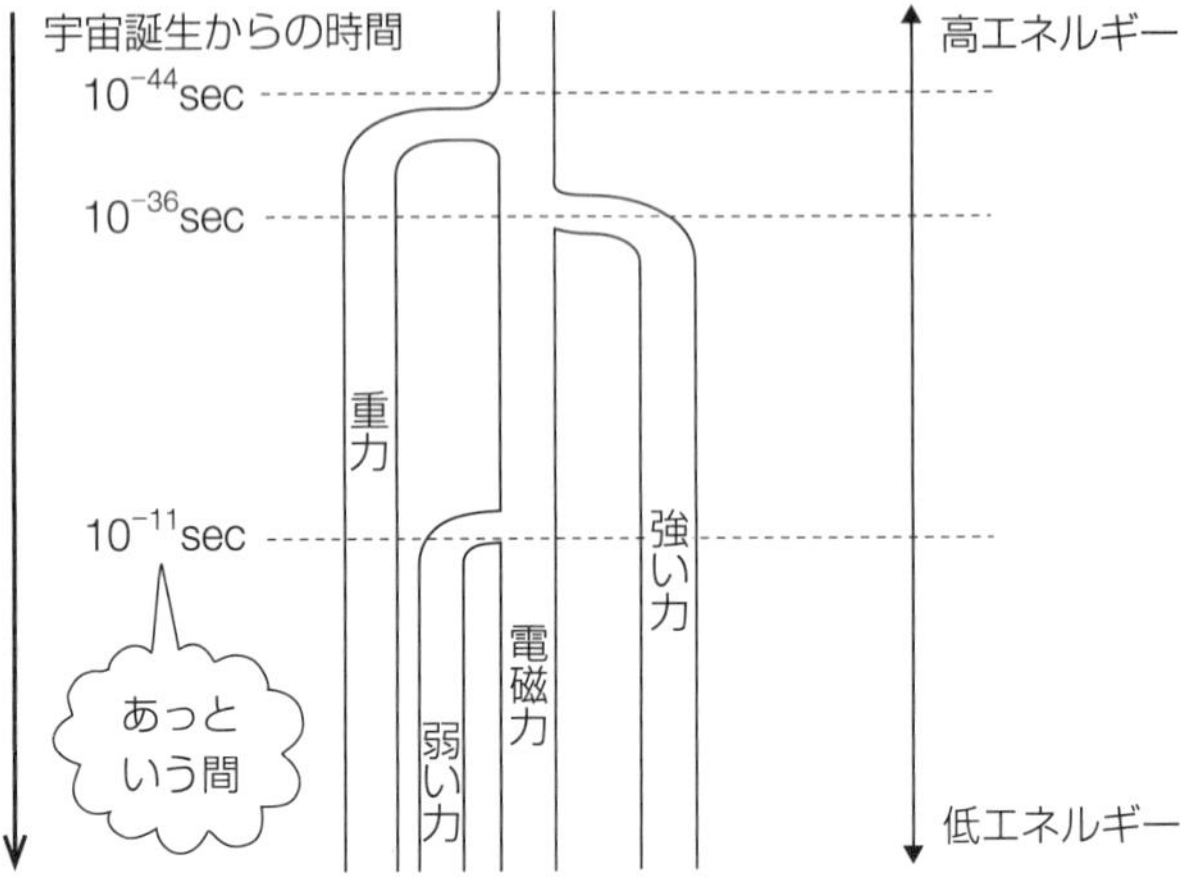


**図4-2　力の統一と進化。宇宙誕生の直後に、はじめはひとつだった力がつぎつぎと四つに分かれたと考えられている。**

の力（電磁力）の異なる側面であることが明らかになっていた。それと同じことが、四つの力についても言えるのではないだろうか？　低エネルギー（膨張して冷えた今の宇宙の状態）では別々に見える力が、高エネルギー（初期宇宙の状態）では同じ力になるのではないだろうか？

こうして四つの力を統一するという路線で精力的な研究が行われ、一九七〇年代には、電磁力と弱い力が、高エネルギー領域ではたしかに同じ振る舞いをすることが明らかになった（図４－２）。

ちょうどそのころ、京都大学で宇宙論を専攻していた佐藤勝彦は、高エネルギー物理学の華々しい発展に触発されて、もしも宇宙が進化する過程で、基本的な力が枝分かれするというすごいことが起こったのなら、きっと宇宙スケールでも、何か激烈なことが起こったにちがいないと考えた。

もしかするとその激烈な出来事の痕跡が、今でも宇宙に残っているのではないだろうか？　ちょうど、宇宙誕生後四十万年ごろに起こった「宇宙の晴れ上がり」の痕跡が、宇宙マイクロ波背景放射として残っていたように。

もしもそんな痕跡が今日の宇宙に見つかるとしたら、とても夢のある話ではないか！　それは素粒子物理学の最前線と宇宙論の最前線とをつなぐ、ウロボロスの夢と言えよう。そしてその研究に乗り出すとすぐに、佐藤は思いもよらないことに気づいたのである。

## 指数関数的膨張

佐藤勝彦が気づいたのは、宇宙がビッグバンの火の玉状態になる前に、空間に大きなエネルギーが含まれていたなら、きわめて短い期間だけ、空間が指数関数的に膨張したはずだということだった。

「指数関数的に膨張する」というのは、倍々に増えていく（ある時間間隔で空間が二倍に膨張したのなら、もう一度同じだけの時間が経過すると四倍に膨張する）、ということを意味する。二倍になったり四倍になったりしたところで、たかが知れていると思うかもしれないが、じつはこれが想像を絶するほどの激しい増え方なのである。
この倍々の増え方がどれだけすごいかを示す例として、豊臣秀吉の家臣、曾呂利新左衛《そろりしんざえ》門《もん》のエピソードがある。

あるとき秀吉が、新左衛門の頭が良いのにたいそう感心して、「褒美をやろう、なんなりと言うてみよ」と言ったので、新左衛門は、お米を一粒いただきたい、と言った。ただし、今日は一粒だが、明日はその二倍の二粒、明後日はさらに二倍して四粒、……というように、一日ごとに倍々にしていって、百日間だけいただきたい、というのだった。それを聞いた秀吉は、「なんと欲のないやつだ」と思って承知したが、しばらくして、それを続けていけばとんでもないことになると気づき、ほかの褒美に変えてもらったと伝えられている。

じっさい、百日間これを続けていくと、米粒の合計は一二六七六五〇六〇〇二二八二二九四〇一四九六七〇三二〇五三七五粒（!）となり、どんぶり一杯五千粒として、ひとり一日どんぶり三杯のご飯を食べるものとすると、地球の人口七十億人が、なんと、三十三兆年間食べていけるほどの米になるのである。たった一粒の米からはじめて、わずか百日間のうちに、世界の食糧問題を、事実上永遠に解決してしまうほどの量になるのだ。

それと同じようなことが初期宇宙にも起こった。そして、（思い切って簡単に言ってし

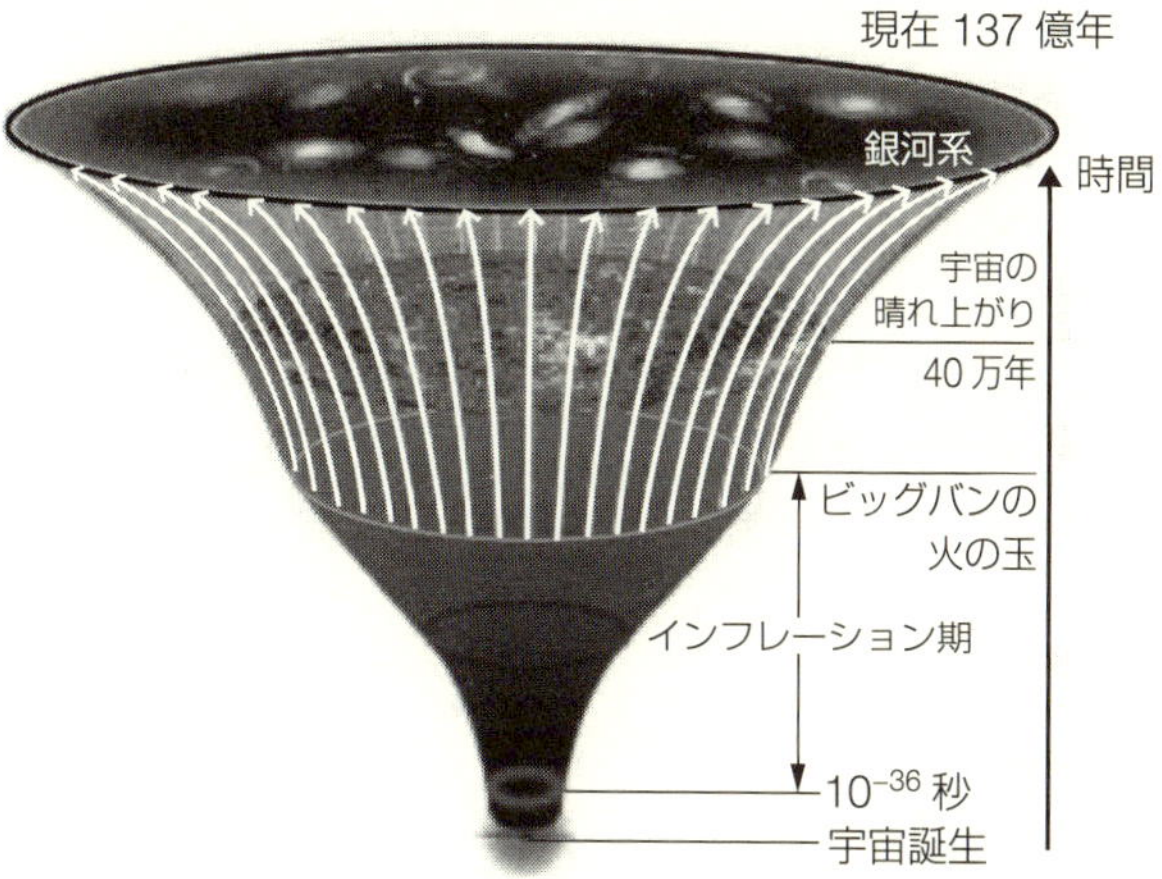


**図4-3　ビッグバンの火の玉状態の前にインフレーション期があったとする場合の、宇宙の歴史。**

まうと）、空間がすさまじく膨張したおかげで、ビッグバン・モデルに付きまとっていたさまざまな「悪いもの」が、きれいさっぱり吹っ飛んでしまうということが示されたのである。

## ビッグバンの正体

図4－3は、その指数関数的膨張のモデルが語る宇宙の歴史である。なお、佐藤勝彦より数ヵ月ほど遅れて、基本的に同じモデルを発表したアメリカのアラン・グースは、空間が「膨らむ（インフレートする）」という意味で、「インフレーション・モデル」と名付けた。それ以降、この名前が広く普及しているので、以下では随時それを用いることにする。

この図は、インフレーションの時期の出来事を説明するためのものなので、極端に縮尺を変えて描いてある。

もしもこの図の縦軸（時間軸）を、普通の縮尺で描いたとすれば、インフレーションの時期の部分はぺしゃんこに潰れて見えなくなってしまうだろう。なにしろインフレーションは、宇宙誕生の$10^{-36}$秒後に始まり、$10^{-35}$秒後には終わったのだから——宇宙が生まれてから０・０００…１（小数点以下０が三十五個）秒後に始まり、０・０００…１（小数点以下０が三十四個）秒後には終わったのである。日常的な感覚では、そんな短い時間は考えることさえできない。それを目に見えるようにするために、この図では宇宙の始まりの部分が極端に引き伸ばされ、後に行くほど圧縮されているのである。

横軸（空間軸）も、それと同じぐらい極端に縮尺を変えてある。宇宙はインフレーションの時期にすさまじく膨張したため、普通の縮尺で描けば、宇宙が生まれたとたん、宇宙の横幅がこのページからはみ出してしまう。

「インフレーション」という名前の通り、宇宙空間は、その一瞬のあいだにすさまじく「膨らんだ」——最低でも、$10^{30}$倍（１００…０００と書けば０が三十個続く）にも膨張したと考えられている。それはたとえば、われわれの体を構成している細胞に含まれているＤＮＡ分子のひとつひとつが、銀河系ほどの大きさになるぐらいの途方もない膨張である。

DNA分子のサイズは小さすぎてイメージするのは難しいし（二重らせん構造のモデルはすぐに頭に浮かぶが）、銀河系のサイズは大きすぎてイメージできない（渦巻きのイメージはすぐ頭に浮かぶが）。その両者をつなぐような激烈な膨張は、日常の経験に根ざしたわれわれの想像力をはるかに超えている。

しかしその宇宙空間の膨張は、ゴム風船が膨らむのとは、ある重要な点でちがっている。風船では、膨らむにしたがってゴムが薄くなるが、宇宙空間の膨張では、エネルギーを含んだままの空間が増えるのである。

そして、ちょうど過冷却の水が一気に凍るときのように（純粋な水は、氷になるために必要な核がないため、温度が下がってもしばらくは水のままでいるが、ちょっとしたきっかけで一気に凍りはじめる）、宇宙空間も一気に潜熱を吐き出して膨張を止める。過冷却の水の場合、潜熱は周囲の環境に吐き出されることになるが、宇宙の場合には宇宙内部に吐き出される以外にないため、宇宙は物質粒子や力の粒子が渦巻く火の玉状態になる――それがいわゆるビッグバンの火の玉である。

つまりインフレーション・モデルは、空間がすさまじい勢いで膨張して「悪いもの」を吹き飛ばすだけでなく、ビッグバンの火の玉状態を準備するという大仕事までも、物理学の基本原理と矛盾せずにやり遂げるのである。

矛盾しないどころか、インフレーションの膨張が起こるメカニズムは、じつは一般相対性理論の重力場方程式に初めから組み込まれていたのだった。前章で出てきたブランドン・カーターの言葉を借りるなら、インフレーション・モデルは、「エキゾチックな（奇異な）」モデルではなく、「コンベンショナルな（普通の）」モデルなのである。

もしもそうでなかったなら、いかにビッグバン・モデルの問題点をきれいに解決してくれるうまい話だったとしても、物理学者はインフレーション・モデルをおいそれとは受け入れなかっただろう。

## 3　宇宙は何度も誕生している

### 宇宙背景放射のゆらぎが見つかった

ここで先ほどの「のっぺらぼう問題」に話を戻そう。

ビッグバン・モデルと、宇宙には銀河や銀河団など、さまざまなスケールの構造が存在

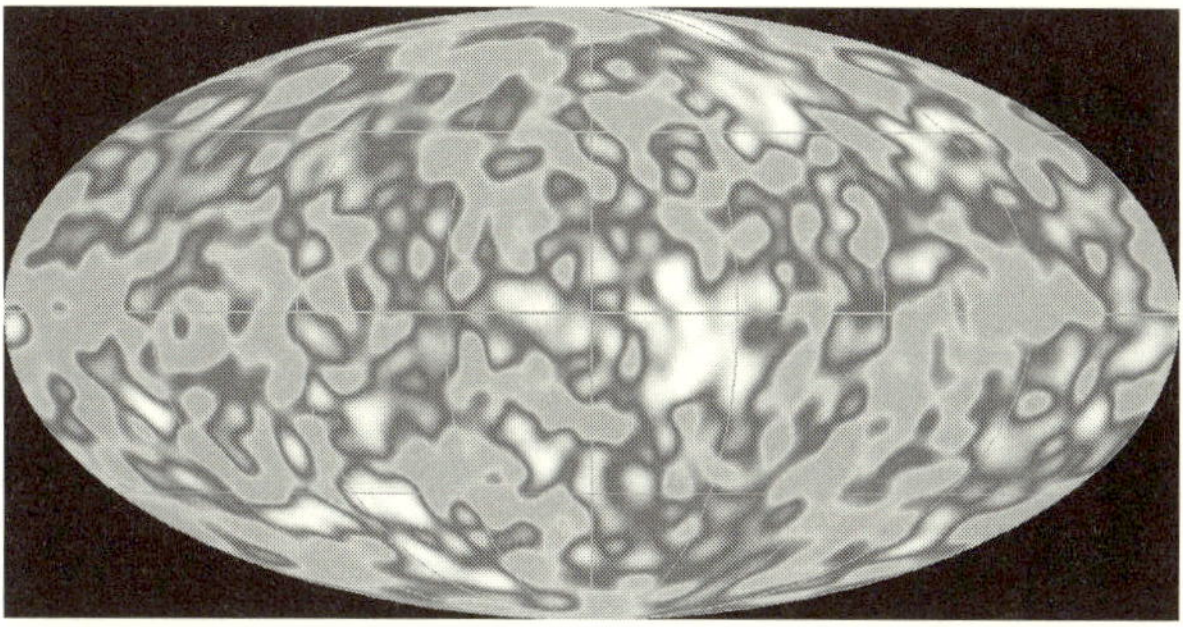

**図4-4　COBEグループの発表に用いられた、まだらの図。ビッグバン・モデルの「のっぺらぼう問題」はこれをもって解決した。**

するという現実とが矛盾しないためには、宇宙背景放射にゆらぎが見つかればよいのだった。

しかし懸命の努力にもかかわらず、ゆらぎはなかなか見つからなかった。一九八九年、研究者たちはとうとう、ロケットを打ち上げて観測機器を宇宙空間に送り出してやった——宇宙空間ならば、大気中の水素が放出するマイクロ波領域の雑音を避けて、精度の高い測定ができるだろうと考えたのである。

ロケットの打ち上げから三年後、観測データが徹底的に解析され、十万分の一という小さなゆらぎが検出された。もしもゆらぎがまったく存在しなければ、銀河などの構造は生じなかっただろう。逆に、もしもゆらぎが大きすぎれば、この宇宙は、今日みられる宇宙とは似ても似つかない、塊だらけの世界になっていただろう。十万分の一というゆらぎは、大きすぎも小さすぎもせず、ちょうどよい大きさだった。

一九九二年、高精度の宇宙背景放射の測定をやり遂げた研究グループ（ＣＯＢＥグループ）が記者会見を行い、宇宙の構造と矛盾しない大きさのゆらぎが検出されたと報告した。新生児室の赤ちゃんの顔にほどよい造作があるように、誕生から四十万年後の宇宙にも、ほどよいまだらがあったのである。

こうして「のっぺらぼう問題」は解決し、ビッグバン・モデルは、宇宙に構造が存在しているという現実と矛盾しないことが示された。

しかしビッグバン・モデルには、そんなゆらぎが存在する理由を説明することはできない。それを説明したのが、インフレーション・モデルなのである。

インフレーションの時期、宇宙はとても小さかったので、ミクロなスケールの世界を支配する量子力学の効果が大きくなり、何もかもが量子的にゆらいでいた。量子の世界では、ハイゼンベルクの不確定性原理により、あらゆる物理量がゆらいでいる。ひとときもじっとしていないことが、量子の世界の掟なのである。

しかし、量子のゆらぎは非常に小さいので、われわれは普段、そんなゆらぎがあることには気付かない。ミクロなスケールの量子ゆらぎは、常識的には、宇宙スケールの構造の種にはなりようがない。

ところが、インフレーション期には空間が途方もない勢いで——指数関数的に——膨張

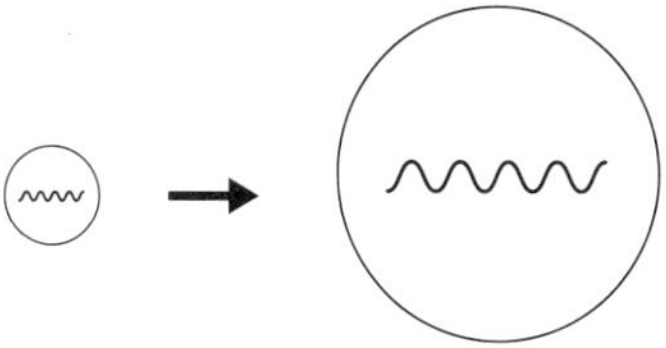

**図4-5　風船を膨らませると、その表面に描かれた模様が引き伸ばされるように、インフレーションの指数関数的膨張は、ミクロな量子ゆらぎを宇宙スケールに引き伸ばした。**

したため、ちょうど風船を膨らませれば、その表面に描かれた模様が大きく引き伸ばされるように、ミクロなスケールの量子ゆらぎが宇宙スケールに引き伸ばされることになった。COBEのまだら模様は、インフレーションの膨張で引き伸ばされた、量子のゆらぎだったのである（図4−5）。

## 宇宙は何度も誕生している？

COBEグループによる「ゆらぎ発見」の報道に接し、物理学者の中には、あらためてこう感じた人が大勢いたのではないだろうか——「これ（宇宙の誕生）が、一度きりの出来事であるはずはない」と。

わたし自身、そう感じた者のひとりだった。「二度あることは三度ある」と世間では言うけれど、物理学者に言わせれば、「起こりうることはかならず起こる、何度でも起こる」のである。

物理学者は、この「起こりうることはかならず起こる、何度でも起こる」という考え方を、空気のように吸い込んで物理学者になっている。それはいわば物理の世界の暗黙の了解、一種の常識なのである。

しかしそれは量子的な世界での常識なので、日常的な古典物理学にもとづく常識からすると、なぜそんなことが言えるのかと不思議に思われるかもしれない。これはけっこう重要なポイントなので、簡単に説明しておこう。

古典物理学の世界は、決定論の世界である。ある物体について、ある時刻における位置と運動量がひと通りに決まれば、それから先の運動もひと通りに決まってしまう。

たとえばボウリングで、ボールが手を離れたとき、ボールの位置と運動量がガターになるようなものだったとすると、そのボールはガターになることを運命づけられてしまう。もはや打つ手はなく、ボールが溝に向かって着実に進んでいくのを、指をくわえて見ているしかない。

同様に、宇宙の物質のすべてについて、ある時刻における位置と運動量がわかれば、その後の宇宙の成り行きはすべて予測できる、というのが古典物理学の決定論的世界観である。古典的な世界では、「決まってしまったことは、なるようにしかならない」のだ。これは直観的にもすんなり飲み込める世界観だろう。

それに対して量子的な世界は、「禁止されていること以外は、すべて強制される」という奇妙な世界なのである。しかし、すべて強制されるとは、いったいどういう意味だろう？

たとえば、あなたの目の前で、道が三つに分かれているとしよう。ひとつの道には、「通行禁止」の立て札が立っている。残り二つの道は通行可能で、道の広さが三倍ちがっているとしよう。このとき、第一の道を通る者はいない。その道を通ることは、量子の世界では「けっして許されない」ことなのだ。二番目と三番目の道については、かならず人が通る。それは強制なのである。しかも道幅に応じて、通る人数の比率まで決まっている（広い道を通る人は、狭い道を通る人の三倍などと）。もしも、通行禁止なのに人が通っているとか、禁止されているわけでもないのに人が通らないとか、道幅から予測されるのとは異なる比率で人が通っている、といった現象が観測されれば、われわれの自然理解に何か重大なまちがいがあるという証拠になるのである。

「禁止されていること以外は、すべて強制される」という量子的な世界観からすると、ビッグバンが一度でも起こったということは、ビッグバンは禁止されていないということを意味し、したがって強制される。ビッグバンへの道は、にぎわいはどうであれ、人が通り続ける道だと考えられるのである。

一九九二年のＣＯＢＥの発表に接したとき、「宇宙は何度も誕生している。おそらく宇宙はわれわれの宇宙だけではないのだ……」とわたしが感じたのは、そういうわけだったのだ。

そしてじっさい、そのころにはすでに、いくつかの多宇宙ヴィジョンが提唱されていたのである。

## 「宇宙論の標準モデル」が描き出す多宇宙

今日では、「インフレーション＋ビッグバン」モデルは、さまざまな実験や観測に支持された信憑性の高いモデルであることがわかっており、「インフレーション＋ビッグバン」モデルのことを、「宇宙論の標準モデル」と呼ぶこともある。実験や観測に支持されている以上、このモデルが宇宙について語ることは、たとえそれがどれほどわれわれの直観に反しているとしても、まじめに聞いてみなければならない。

その「宇宙論の標準モデル」から、「宇宙はわれわれの宇宙だけではない」というヴィジョン——多宇宙ヴィジョン——が、ごく自然に出てきたのである。

なお、インフレーション・モデルにはさまざまなバリエーションがあり、今日インフレーション・モデルと呼ばれているものは単一のモデルではなく、いくつかの基本的特徴を共有するモデルの集合体のようになっている。そのため多宇宙ヴィジョンもひと通りではない。じっさい、今この瞬間にも、世界のどこかの宇宙論研究者の頭の中に、新たな多宇宙ヴィジョンが浮かんでいるかもしれない。

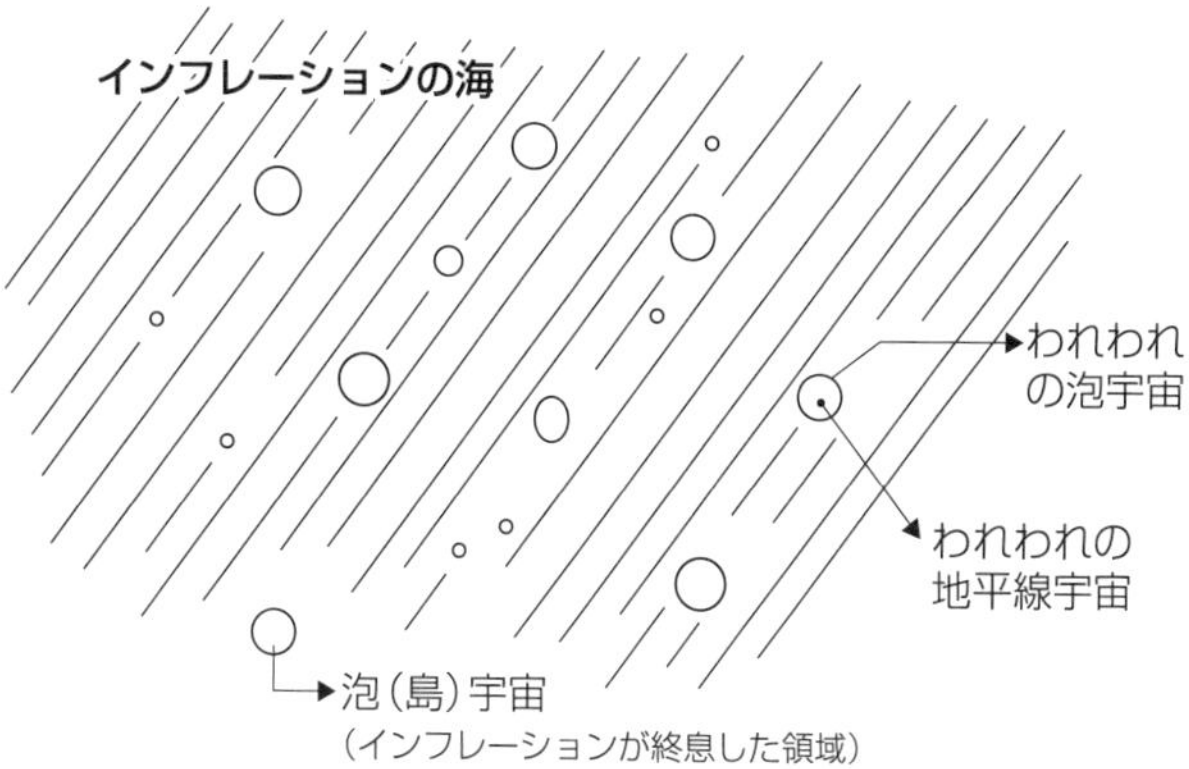


**図4-6　多宇宙（マルチバース）の全体像。**

つぎに示すのは、そういう多宇宙ヴィジョンに共通する性質を、簡単な模式図として表したものである（図4－6）。

この図で斜線になっている部分はすべて、インフレーションを起こしている領域である。それはいわばインフレーションの海だ――この海は激烈に膨張している。海に浮かぶ泡のような領域（図では円）は、インフレーションが終息したところを表している。その領域のことを、「泡宇宙」とか、「島宇宙」などと呼ぶ。

かつては「ビッグバンの直前に、ほんの一瞬起こった出来事」だと思われていたインフレーション期が、「インフレーションを起こしている空間のほうが普通」になっているのである。そうなる理由は比較的わかりやすい。もしもある場所でインフレーションが起こっているとすると、その空間が激烈な勢いで膨張して広がっていくため、むしろインフレーションを起こしている空間のほうが優勢になるのは自然な成り行きだろう。

図4－6で、泡宇宙と泡宇宙のあいだの空間は、インフレーションを起こしていて指数関数的に膨張するため、泡宇宙同士はすさまじい勢いで離れていく。しかしそうして広がった泡宇宙同士のあいだの空間にも、つねにポコポコと新しい泡が生まれてくるため、もしもこの全体としての宇宙のスナップショットを撮り続けたとすれば、どの写真にもこの図と同じように、泡の浮かんだ海の光景が写っているだろう。その意味で言えば、この多宇宙ヴィジョンは、ホイル、ボンディ、ゴールドの、イギリスの三人組が唱えた定常宇宙モデル（103ページの図2－8b）と似たところがある。

インフレーション・モデルの多宇宙ヴィジョンによれば、われわれの宇宙は、無数にある泡宇宙のひとつにすぎない。いわゆる「地平線宇宙」――どれだけ高性能の望遠鏡が開発されようとも、そこから先は未来永劫決して見ることができないという意味での、「地平線」の内側――は、図の小さな黒丸（・）の部分である。つい最近まで、これが、宇宙のすべてとされていたのだった。この壮大でダイナミックな多宇宙ヴィジョンを、どう受け止めたらよいだろうか？　こんな途方もないものを、信用してもよいものだろうか？

はっきりしているのは、この新しい多宇宙ヴィジョンは単なる思いつきや空想の産物ではないということだ。「宇宙論の標準モデル」は、「エキゾチックな」理論ではない。それは「コンベンショナルな」理論にもとづき、観測と実験によって支持されているモデルなのである。むしろ、よほどエキゾチックで恣意的な仮定でも設けないかぎり、この多宇宙ヴィジョンを追い払うのは難しそうだ。

こうしてインフレーション・モデルから多宇宙ヴィジョンが自然に出てきたということが、人間原理にとっては大きな転換点となった。なぜなら本章のはじめのところで述べたように、もしも宇宙が無数にあるのなら、弱い人間原理だけでなく、強い人間原理もまた観測選択効果になってしまうからである。

宇宙がたくさんあるのなら、人間原理の意味は反転する——それは人間中心主義の目的論から、人間による観測選択効果になるのである。

本章を終えるにあたり、どうしてもひとこと述べておきたいことがある。現代宇宙論にとって決定的に重要なインフレーション・モデルの話をするとき、欧米の著者たちは、アラン・グースの名前ばかりを挙げがちである。

もちろん、とくにポピュラーサイエンスの本では、物理の内容をわかりやすく説明することが最大の目標になるため、公正を期すべく、研究の歴史を丹念に記述するわけにはいかないのも仕方がないという面はあるだろう。

しかし、佐藤勝彦は、オリジナルなインフレーション・モデルの提唱者のひとりであるだけでなく（発表はグースより早かった）、その後の重要な展開である「ニュー・インフレーション」のメカニズムもすでに指摘していた。また、インフレーションのメカニズムに気づくとほとんど同時に、ベビーユニバースがポコポコ生まれるということにも気づき、インフレーションの多宇宙ヴィジョンを世界に先駆けて提唱してもいるのである。日本の読者には、ぜひそのことを知ってほしいと思う。

# 第5章　人間原理のひもランドスケープ

# 1　素粒子物理学の難題

## 原子は本当に実在するのか？

物理学にとって、二十世紀はまぎれもない激動の時代だった。革命と呼んでも少しも大袈裟ではないことが何度も起こり、そのつど、日常の経験に根ざしたわれわれの直感をあざ笑うような、不思議な世界があらわになった。

物理学者でさえ、それをどう受け止めたらよいかわからず戸惑うこともたびたびだった。物理学者でさえそうなのだから、素粒子物理学の分野に限っても、二十世紀の百年間に起こったことを手短にまとめるのは難しい。

しかし、「物質の基本構造はどうなっているのか？」という問いかけだけに的を絞れば、二十世紀には、物質は階層構造になっているということが明らかになった、と答えることができよう。物質の基本構造には、次の三つの階層がある。

一、原子の階層

二、原子核の階層
三、クォークの階層

一番目の、原子の階層がたしかに実在すると言えるようになったのは、ようやく二十世紀になってからのことだった。そんなに最近になるまで原子の実在性が認められなかったことを、ちょっと意外に思う人もいるかもしれない。

というのも、「あらゆるものは、それ以上分割できない基本構成要素から成り立っている」という原子論の思想そのものは、すでにみたように、古代ギリシャの昔からあったからである。アイザック・ニュートンも原子論者だったし、ロバート・ボイル、アントワーヌ・ラボアジエをはじめ、一流の科学者たちが原子論の観点に立ち、さまざまな法則を見いだしてきたことはよく知られている。

十九世紀に入ると、イギリスのドルトンが今日的な原子論の基礎を築き、十九世紀なかばの一八六九年には、ロシアのメンデレーエフが、それまでに蓄積されていた経験的知識を整理して、有名な（「水兵リーベぼくのふね…」でおなじみの）「元素の周期表」を発表する。その表には空席もあった――規則性から考えて存在が予想されるにもかかわらず、まだ知られていない元素があったのである。そんな元素がつぎつぎと発見されると、周期表の有用性を疑う者はいなくなった。化学者はみんな、日々の研究で周期表をありがたく利用していたのである。

原子論のアプローチがこうして絶大な成功を収めていたにもかかわらず、「原子は本当に存在するのか?」という点になると、懐疑的な人は少なくなかった。目で見ることも、さわることもできない原子を実在物とみなすことは、科学としてまちがっているというのである。

著名な科学者の中にも、原子はものごとを整理するのに便利な工夫にすぎないとして、原子論に反対する人たちがいた。たとえば、一九〇〇年に「エネルギー量子」の概念を提唱した「量子論の父」、マックス・プランクも、宇宙は本質的にはなめらかにつながっていなければならないと考えていた。彼は、たとえ物質と光が相互作用をするときには、エネルギーを「量子(それ以上分割することのできない塊)」として受け渡しするにしても、エネルギーそのものがブツ切りになっているとは考えていなかったし、物質も本質的にはなめらかにつながっているはずだと考え、原子論に反対していたのだった。

しかし一九〇五年にアインシュタインが、液体中に浮かぶ微粒子は、液体の分子にたえず衝突されているせいで、ふらふらとランダムな動きをするはずだと考え、その運動(「ブラウン運動」)の性質を理論的に予測した。さらにフランスの実験物理学者ジャン・ペランが、アインシュタイン当人さえも驚くほど精密な実験をやり遂げて、その予測の正しさを証明すると、原子論をめぐる状況は大きく変わった。

たとえ目で見ることはできなくとも、圧倒的な証拠にもとづき、もはや原子や分子の実在性を疑う者はいなくなったのである。時代がくだって電子顕微鏡が開発されると、個々の原子を「見る」こともできるようになった。ナノテクノロジーが進展した今日では、原子を一個一個操作することさえできる。古代原子論の誕生から二千五百年を経た今日、原子はわれわれの世界観のゆるぎない一部となっている。

## 原子核の発見

アインシュタインによるブラウン運動の仕事を節目として、ようやく実在性を認められるようになった原子だったが、「原子（ア・トム、分割できない）」という名前の通り、「それ以上分割できない」という意味での物質の基本構成要素ではないことが、まもなく明らかになった。

一九一一年に、イギリスの物理学者アーネスト・ラザフォードのグループが、放射性物質から出てくるアルファ線という放射線を金箔に照射して原子の内部を調べてみたところ、原子の中心部に、非常に小さくて堅い「核」（原子核）があることがわかったのである。

さらに、その小さな原子核さえも、もっと小さな要素から成り立っていることがすぐに明らかになった。原子核にアルファ線をぶつけてみたところ、周期表の中でいちばん軽い元素である、水素の原子核が飛び出してきたのである。そのことは、より大きな元素の原子核は、水素の原子核を構成要素として含んでいるということを意味していた。そこで水素の原子核には、ギリシャ語で「第一のもの」とか、「もっとも基本的なもの」といった意味をもつ、「プロトン（陽子）」という名前が与えられた。

その後一九三二年になって、新たな基本粒子が登場した。その粒子は、質量は陽子とほぼ同じだが、（プラス電荷をもつ陽子とは異なり）電荷をもたなかった。その新粒子の発見がだいぶ遅れたのは、電荷をもたない粒子を検出するのはとても難しいからである（検出には、電磁相互作用が用いられるため）。電気的に中性（ニュートラル）であることから、その粒子には、「ニュートロン（中性子）」という名前が与えられた。

こうして、原子核は陽子と中性子からできているらしいことがわかった。われわれの身の回りにある物質はすべて、陽子と中性子からなる原子核と、その原子核に電磁相互作用で繋ぎ止められている電子という、三つの要素から構成されているように見えた。わずか三つの基本構成要素であらゆる物質が説明できるというのは、なかなかシンプルで悪くなかった——たくさんの元素が並ぶ周期表よりは、格段に経済的である。

## 謎の新粒子たち

ところが一九四〇年代に入って、加速器を使った実験ができるようになると、そのシンプルなヴィジョンは脆くも崩れ去った。

粒子を大きな速度に加速して標的粒子にぶつけてみたところ、予想もしなかったような奇妙な粒子たちが飛び出してきたのである。

不思議な新粒子がつぎつぎと発見されたその時代は、実験物理学者にとっては血湧き肉躍る時代だったかもしれないが、理論物理学者は大混乱だった。いったいこれらの新粒子は何者なのだろう？　身の回りの物質を説明するだけなら、陽子と中性子と電子だけで間に合っていた。では、新たに発見された奇妙な粒子たちは、いったい何のために存在しているのだろう？　どんな理論なら、それらを説明することができるのだろう？

増え続ける「基本」粒子を体系的に整理するためには、もう一段階、下の階層を考えるという手があった。二十世紀には、すでに二度、その方法でうまくいっていたから（原子は原子核と電子からできており、さらに原子核は陽子と中性子からできていることが明らかになっていた）、三匹目のドジョウを狙ってみるのも悪くはなかったのである。

その新たな階層を構成する、より基本的な粒子として提案されたのが、クォークである。クォーク・モデルによれば、陽子や中性子は三つのクォークからできている。新しく発見されたさまざまな粒子も、タイプの異なるクォークの組み合わせや、クォーク相互の運動状態によって、その性質をみごとに説明することができた。

しかし、クォークが本当に存在するのか、という点になると、多くの物理学者は懐疑的だった。少なくとも一九六〇年代から七〇年代の初めまでは、クォークは実在しないと考える人のほうが多かったのである。

クォーク・モデルを提唱した物理学者のマレー・ゲルマン当人でさえも、クォークの実在性については否定的だった。彼は一九六八年に行った講演で、「クォークを実在物と考えるべきではありません。クォークは数学的な工夫にすぎないのです」と言明している。物理学者として大物中の大物だったゲルマンのそんな発言は、ほかの物理学者たちに多大な影響を及ぼした。

そしてじっさい、クォークはどこを探しても見つからなかった。実験家は、加速器実験で飛び出してくるさまざまな粒子や、宇宙からやってくる高エネルギー放射線の中にクォークらしきものはないかと探したが、懸命の努力にもかかわらず、結局クォークはただのひとつも検出されなかったのである。一九六〇年代には、クォークは実在しないというほうに、天秤の重りが加わっていった。

　ところが一九七〇年代に入ると、実験とクォーク・モデルが車の両輪のようにかみ合って状況が変わりはじめる。

　たとえ一人ぼっちのクォークをつかまえることはできなくても、ペアで生まれたクォークが一瞬姿を現すことはあったし、クォークをつなぎ止めているとされる「力の粒子」（糊粒子〔グルーオン〕）がジェットのように噴出する「グルーオン・ジェット」という現象も、理論から予想された通りに起こっていることがわかった。

　きわめつけは、クォーク・モデルから存在を予測されていた新粒子が、みごと高エネル

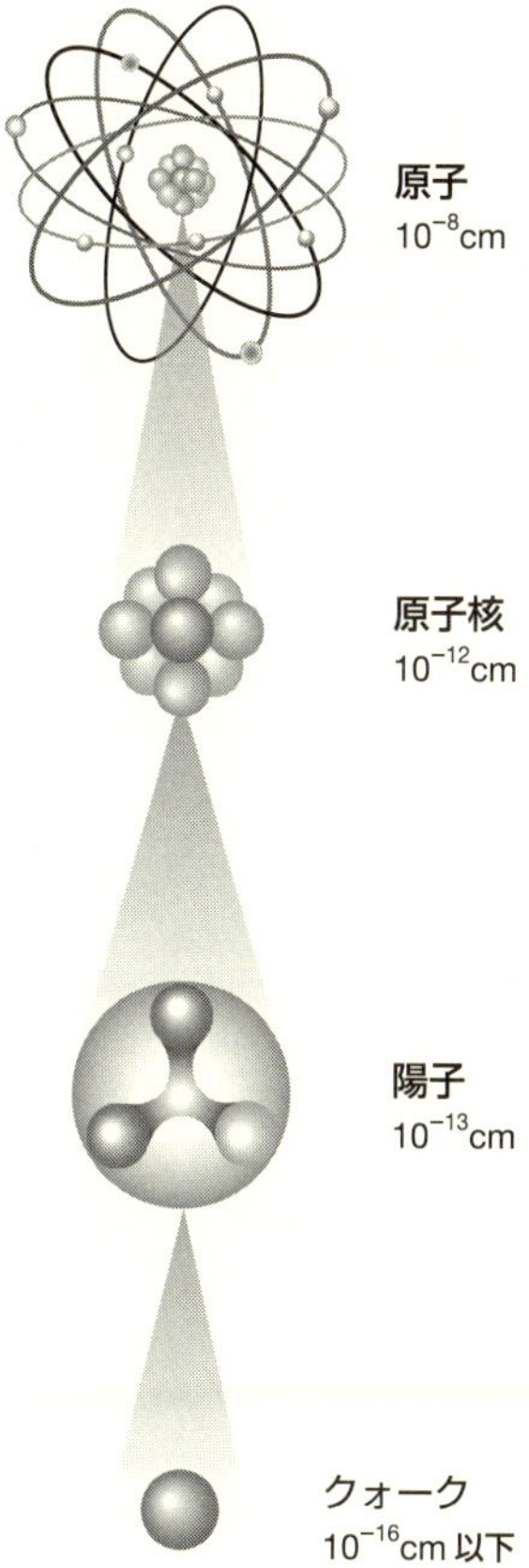


図5-1　ミクロな世界には、原子、原子核、クォークと、大きくスケールの異なる三つの階層がある。

ギー加速器実験で見つかったことだ。

こうして、一九八〇年代に入るころまでには、圧倒的な証拠にもとづいて、クォークの実在性は広く受け入れられるようになった。今日では、クォークの階層は、物理的世界像の中にしっかりと組み込まれている。

## 素粒子物理学の標準モデル

物質の階層構造が解明されるのと並行して、新しい階層を支配している「力」についても、驚くべきことがつぎつぎと明らかになった。

これまでたびたび述べたように、二十世紀の初めには、電磁力と重力という、二つの力しか知られていなかったが、その後「強い力」と「弱い力」という、非常に短い距離でしか働かない力が存在することが明らかになった。これら四つの力は、「力の粒子」をキャッチボールすることによって伝わると考えることができる。

二十世紀に確立された物質の基本構造を、図5－2にまとめた。この図に含まれる粒子たちには、「大きさ」というものがない。これらの粒子は、広がりのない数学的な点と見なされているため、点状粒子と呼ばれることもある。

これまでの話では、クォークに焦点を合わせてきたが、クォークのほかにレプトンとい

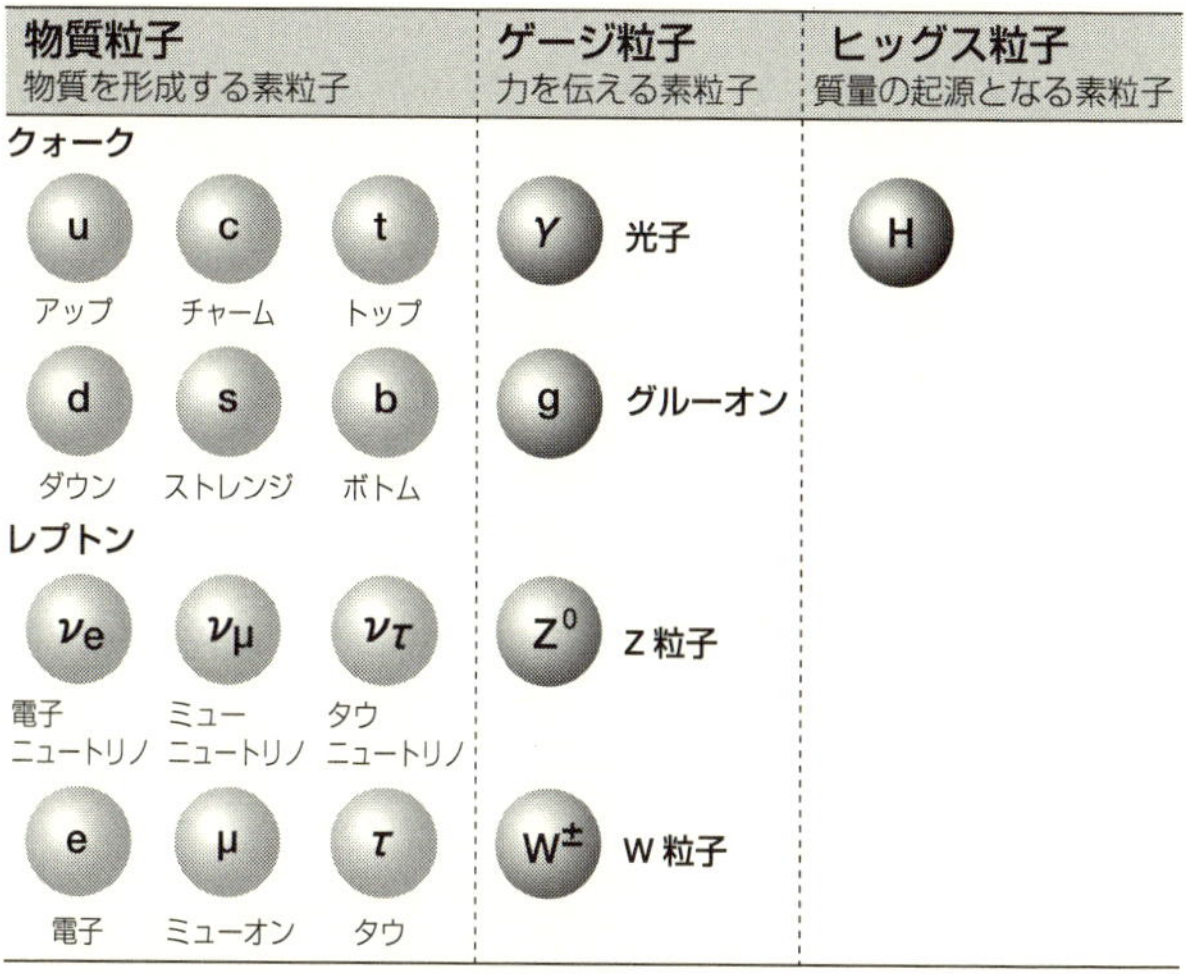


| 粒子 | 質量 |
|---|---|
| 光子 | 0 |
| グルーオン | 0 |
| ニュートリノ | $10^{-8}$ 未満だが、ゼロではない |
| 電子 | 1 |
| アップ・クォーク | 8 |
| ダウン・クォーク | 16 |
| ミューオン | 207 |
| ストレンジ・クォーク | 293 |
| チャーム・クォーク | 2900 |
| タウ・レプトン | 3447 |
| ボトム・クォーク | 9200 |
| W粒子 | 15万7000 |
| Z粒子 | 17万8000 |
| トップ・クォーク | 34万4000 |

図5-2 （上）素粒子物理学の標準モデルを構成する粒子たち。（下）電子の質量を基準として示した、各粒子の質量。意味のなさそうな数字が並ぶ。

う粒子のグループがあり、電子、ミューオン、ニュートリノがこのグループに入る。図の真ん中の列にまとめられた粒子が、力の粒子である。そして最後の列は、最近発見されて話題になっているヒッグス粒子である。標準モデルというパズルの最後のピースであるヒッグス粒子が見つかったことは、理論の勝利といえよう。これらが、いわゆる「素粒子物理学の標準モデル」に登場する粒子たちである。

これまでのところ、この理論に合わない現象はひとつも見つかっていないし、あらゆる実験結果は、このモデルの予測とみごとに一致している。

標準モデルは二十世紀物理学のひとつの到達点であり、物理学者は胸を張って、物質の基本構造はここまで理解できたと言うことができる。

## 物理学者の不満

にもかかわらず、この標準モデルで満足しているという物理学者は、ただのひとりもいないだろう。実験と理論の一致も申し分ないというのに、「いったい何が不満なんだ！」と言われそうだが、このモデルは、物理学者にとって目をつぶることのできない難点を、二つほど抱えているのである。

そのひとつは、この理論は重力を取り込めていないことだ。重力以外の三つの力は、ひとつの枠組みで捉えることができた。一九七〇年代には、電磁力と弱い力が統一されて、電弱力と呼ばれるようになったし、その電弱力と強い力とは、完全に統一されたとはいえないものの、ゲージ理論という同じ枠組みの中に収まっている。ところが重力だけは、その枠組みに収まることを拒否しているのである。宇宙を支配する力である重力を、他の三つの力と統一的に記述することができず、相性の悪い別々の枠組みで扱わなければならないというのは、物理学者にとって到底満足できないことなのである。

もうひとつ、物理学者が素粒子物理学の標準モデルに満足できない理由は、このモデルをじっさいに使って何か計算するためには、実験で測定された数値に頼らなければならないという点にある。理論的に求めた数値と、実験で得られた数値とを照らし合わせるのではなく、実験からもらってきた数値を理論にはめ込む必要があるのだ。そうしなければ、理論は何ひとつ予測することができない。実験からもらった数値をはめ込んで実験結果を予測していたのでは、八百長と言われても仕方がないだろう——そんな後ろめたさが、このモデルには付きまとっているのである。

たとえば、アップクォークの質量がなぜそんな値なのか、ニュートリノの質量はあるのかないのか（実験が「ニュートリノには質量がある」と言えば、理論も「ある」と言うしかない）、それぞれの粒子の電荷やスピンの値は、なぜそんな値になっているのか。そうしたことのいちいちを、実験にお伺いを立てながら決めてきたのである。

それはつまり、この宇宙がなぜこのような宇宙なのかを、標準モデルは説明できないということだ。宇宙の基礎理論たるもの、基本粒子の質量さえも導き出すことができず、実験の言いなりだなんて、情けない！ というのが、理論物理学者の心情なのである。

物理的宇宙のことをすっかり説明できるような理論を作りたい、なぜ宇宙はこのような宇宙なのかを説明したいという、物理学者の切なる願いは、現在の標準モデルではまだ叶えられていないのである。

これらふたつの欠点、すなわち、重力を取り込めていないことと、基本的な物理量の値を実験からもらってこなければならないことが、物理学者が素粒子物理学の標準モデルに満足できない点なのだ——というのが、いわば公式見解である。

ところがじつはもうひとつ、このモデルには途方もない問題が潜んでいるのである。ちょうどニュートンの宇宙に、神がたえず介入しなければ重力崩壊を起こすという厄災が（あるいは、ニュートンとベントリーにとっては自然哲学による神の存在証明が）巣くっていたように、素粒子物理学の標準モデルは、ゼロであるはずの「真空のエネルギー」が無限大になってしまうという、目を覆うばかりのひどい病巣を抱えているのだ。

## 2　真空のエネルギーをめぐって

### 古典的な真空観

古典物理学の世界観と、量子物理学の世界観とのあいだには、いくつか大きなギャップがある。前の章では、そんなギャップのひとつとして、古典物理学の決定論的な世界観（「決まってしまったことは、なるようにしかならない」）と、量子物理学の強制的世界観（「禁止されていること以外は、すべて強制される」）を取り上げた。古典的な世界と量子的な世界との大きなちがいにはもうひとつ、「からっぽの空間」とは何かという、真空に関する考え方のちがいがある。

古典的な真空を作るためには、ある空間領域を頑丈な素材で囲い込み、その内部に含まれているチリや埃や気体分子を、真空ポンプで吸い出してやればよい。そうしてからっぽになった空間のことを、真空という。

古代ギリシャの原子論によれば、原子は真空の中を飛びまわっているのだった。したがって、古来、原子論を受け入れるということは、真空の存在を受け入れることでもあった

**図5–3　マクデブルクの半球。科学者にしてマクデブルク市長でもあったオットー・フォン・ゲーリケは、青銅製の半球をふたつ合わせ、自ら発明した真空ポンプで中の空気を引き抜いて真空を作った。球は大気圧のために密着し、16頭の馬を使っても引き離すことができなかった。**

――原子論は異端的だったので、真空を認めることも異端的だった。

　しかし近代になって状況は変わった。ニュートンが原子論者だったことはすでに述べたが、原子とは表裏一体の関係にある真空の実在性が実験で証明されたのも、やはり十七世紀のなかばのことだった。

　図5－3は有名なマクデブルクの半球実験のようすである。このときはじめて、真空は作れるということ、そして真空は周囲から大きな圧力で押されるということが、誰の目にも明らかになった。

普段意識することはないけれども、じつはわれわれは、かなり大きな大気圧の中で暮らしている。その大気圧の存在が明らかになったのも、真空が発見されたときのことなのである。

アリストテレスは「自然は真空を嫌う」と述べ、真空は存在しないと考えていたのだった。しかし、十七世紀にはこうして、長きにわたる真空論争についに終止符が打たれた。今日でも真空と言えば、まずはこの古典的な真空を指し、さまざまなレベルの真空技術が、現代社会を支える多くの産業分野で利用されている。

## 量子的な真空とは何か

しかし現代の理論物理学で「真空」というとき、その言葉にはきわめて特殊な意味がある。

さきほどの図5－2（199ページ）は、素粒子物理学の標準モデルを、わかりやすい粒子像で表したものだが、標準モデルの基礎である「場の量子論」によれば、点状の粒子よりも、空間に広がっている「場」のほうがより基本的である。

たとえば、仮に粒子はひとつも見当たらなくても、場は空間に広がっている。そして場のエネルギーが高くなると、ぴょこんと粒子が現れる。場のエネルギーがもっと高くなると、ぴょこんぴょこんとたくさんの粒子が現れる。逆に粒子がいなくなれば、場のエネルギーは小さくなる。しかし粒子がひとつも見当たらなかったとしても、場が消えるわけではない。場のエネルギーをどんどん低くしていって、それ以上低くならないというところまでもっていったのが、「真空」である。

ここまでのところは、古典物理学で言うところの真空とあまりちがわないように思えるかもしれない——粒子を取り除いていけば、エネルギーは小さくなるというのだから。しかし、古典的な真空と、現代の量子的な真空との本当のちがいは、場も（「場の量子論」というだけあって）量子的にゆらいでいるという点にある。

エネルギーが最低にまで落ち込んでも、場はゆらがずにはいられない。そしてハイゼンベルクの不確定性原理によると、時刻がシャープに絞り込まれるほど（つまり、時間のあいまいさが小さくなればなるほど）、エネルギーのあいまいさは大きくなる。短時間であればあるほど、エネルギーのゆらぎは大きくなり、そのゆらぎの範囲で、粒子と反粒子のペアが生じては消えるということが起こるのである。

時刻がさらにシャープに絞り込まれれば（時間のあいまいさがさらに小さくなれば）、いくつもの粒子と反粒子のペアがポコポコと生まれて、それらが他の粒子と相互作用をするということも起こる。場の量子論の真空では、それぞれの瞬間を細かく見ていけばいくほど、はてしなく複雑なプロセスが繰り広げられているのである。

しかし、あらゆるプロセスをきちんと取り込んで計算すれば、いろいろな効果が打ち消しあって、真空のエネルギーはゼロになるだろう、と物理学者は予想していた。真空のエネルギーは、ともかくもゼロに決まっているだろう、というわけだ。

ところが、じっさいに場の量子論を使って計算してみると、真空のエネルギーの値が無限大になったのである。

そこで理論物理学者たちは、真空のエネルギーはやっぱりゼロにちがいないと考えた。計算してみると（ゼロではなく）無限大になるから、やっぱりゼロにちがいないというのは、何かのまちがいではないかと思うかもしれない——そう思うのは当然で、これはむちゃくちゃな話なのである。

しかし、ほとんどの理論物理学者は、きっと何かうまい数学的なメカニズムがあって、いろいろな効果が巧妙に打ち消し合い、真空のエネルギーはきれいさっぱりゼロになるにちがいないと信じていた。なんといっても、なんらかの具体的な値がはじき出されたのならいざ知らず、無限大というのは物理的に意味をなさないのだから。

物理学者は真空のエネルギーをゼロにしてくれるメカニズムを懸命に探したが、はかばかしい成果は得られなかった。それでも、「きっとゼロだ。ゼロに決まっている！」という雰囲気が、長らく物理学者のコミュニティーを支配していたのだった。

## アインシュタインのλ（ラムダ）

真空のエネルギーはゼロにちがいない、と物理学者が決め込むことになった原因のひとつに、アインシュタインの宇宙定数——または「λ（ラムダ）」項——をめぐる一件がある。アインシュタインのλについては広く流布した話があり、みなさんもどこかで聞いたことがあるかもしれない。その話というのは、おおよそ次のようなものである。

「一九一五年、アインシュタインはついに一般相対性理論を完成させ、翌年には正しい重力場方程式を発表した。ところが、その理論を全体としての途中に当てはめてみた彼は、驚くべき事実に気づく。一般相対性理論によれば、宇宙は静止していることができなかったのだ。宇宙は静的でなければならないという偏見にとらわれていたアインシュタインは、この困った事態をなんとか収拾しなければと、重力場方程式をもう一度見直し、λ項という定数を導入すれば、宇宙を静止させられることに気づいた——つまりλ項の導入は、宇宙を静止させるという目的のほかにはなんら根拠のない、いわばでっち上げだったのである。後年、ハッブルの観測により、宇宙は膨張していることが明らかになると、アインシュタインはλを捨て、λを重力場方程式に導入したことを、《わが人生最大のヘマ》だと言った」。

この話はいくつかの点で事実と異なる。まず、一般相対性理論の基礎となる性質（それを「一般共変性」という）を満たす方程式としては、定数λを含む式のほうが、より一般的だということだ。そして、あったほうがより一般的なλをあえてゼロにするためには、何か理由（条件）が必要なのである。

アインシュタインは、一九一六年に発表した一般相対性理論の論文の中で、重力場方程式の形を決める際に、「任意性をできるだけ小さくすること」と、「第一次近似ではニュートンの重力理論と同じになること」という条件をつけた。これらが、λをゼロにするための条件になるのである。

今日のわれわれの観点からすれば、λの値は好き勝手に決めてよいものではなく、観測にもとづいて決められるべきものだし、近似理論にすぎないニュートンの重力理論に合わせて、一般相対性理論の重力場方程式の形を決めるというのは、本末転倒だろうという気がするかもしれない。

しかし、今から百年前のアインシュタインの時代には、長きにわたって圧倒的な成功を収めてきたニュートンの理論に代わる理論を提案するからには、第一次近似で（つまり、重力が小さいところで）ニュートンの重力理論と同じ形にならなければならないと考えるのは、ごく自然なことだったのである。

後年、アインシュタインは、λは実験によって決められるべき量だとはっきりと述べるようになるが、じつは一九一七年の論文『宇宙論的考察』を書いた時点でも、当然ながら、そんなことはよくわかっていたようである。

これについては、オランダの天文学者ウィレム・ド・ジッターとのあいだに、興味深いやりとりがある。アインシュタインが、量子力学の解釈をめぐってニールス・ボーアと知的ボクシングを繰り広げたことはよく知られているが、宇宙論の分野で彼の知的ボクシングのスパーリング・パートナーを務めたのが、ド・ジッターだった。論文発表直後の一九一八年に、アインシュタインはド・ジッターへの手紙の中で次のように述べている。

ともかく、ひとつのことだけは動かしようがありません。一般相対性理論は、λを場の方程式に含めてもかまわないということです。いつの日か、恒星の空（恒星が集まっている領域）の構造、恒星の見かけの運動、距離の関数としてのスペクトル線の位置に関する知識が増えれば、λがゼロかどうかを経験的に決定できるようになるでしょう。「確信」は良き動機ですが、悪しき判定者です。

これに対して、ド・ジッターはこう返信した。

観測データからは、λがゼロかどうかを決めることはできません。決められるのは、λがある値よりも小さいかどうかということだけです。わたしとしては当面、λは$10^{-45}\mathrm{cm}^{-2}$、おそらくは$10^{-50}\mathrm{cm}^{-2}$よりも小さいだろうと言っておきましょう。

「いつの日か、ゼロかどうかわかるでしょう」というアインシュタインに対し、ド・ジッターは、「いやいや、わかるのは上限だけですよ、ゼロかどうかは決められません」と、天文学者として健全なコメントをしているのである。

いずれにせよ、一般相対性理論の基礎となる考え方が正しければ、重力場方程式にはλが含まれる。そしてλは、理論家が勝手にゼロにすることのできない量であり、そのことはアインシュタインもわかっていたのである。

**λを導入した本当の理由**

さきほどの話が事実と異なる二つ目の点は、アインシュタインが、宇宙は静的ではいられないことに気づいて慌てふためいた、という部分だ。これは作り話、または空想の産物と言わなければならない。

そもそも、重力場方程式の静的でない解をはじめて発見したのは、ロシアの物理学者アレクサンドル・フリードマンで、一九二二年のことであり、アインシュタインがそれより先に発見していたと考える理由はどこにもないのである。

第2章で見たように、『宇宙論的考察』でアインシュタインは、ニュートンの宇宙に潜んでいた重大な問題、すなわち、神が絶えず介入しなければ崩壊する宇宙という大問題の解決に立ち向かい、「有限だが果てのない」宇宙という、ひとつの解決策——リーマン幾何学による解決策——を示したのだった。それはまた、宇宙の果てはどうなっているのかという二千五百年の歴史をもつ大問題に、ひとつの解決策を示したということでもあった。

アインシュタインがλを導入したのは、空間を閉じさせるためであって、変動する宇宙を静止させるためなのではなかったのである。

一九二〇年代の末に、ハッブルの観測で宇宙の膨張が示されると、アインシュタインはふたたびλをゼロにしたというのは、その通りである。二十一世紀のわれわれなら、「宇宙が膨張しているからといって、λがゼロとは限らない。精度の高い観測が行われるまでは、なんとも言えない」と言うことができる。しかし当時得られるかぎりの証拠から考えて、λは不要だとアインシュタインが考えたのも無理はなかった。（ド・ジッターのさきほどの手紙でも、非常に小さい上限が与えられていたことを思い出そう。）

もうひとつ、さきほどの話で事実と言いかねるのは、アインシュタインは後年、λを重力場方程式に持ち込んだことを、《わが人生最大のヘマ》(the biggest blunder of my life)と言ったというエピソードである。

アインシュタイン研究の第一人者であるジョン・スタチェルによれば、アインシュタインの著作にも手紙にも、そんな言葉は見当たらないという。じつは《わが人生最大のヘマ》という言葉の出どころは、『わが世界線』という冗談めかしたタイトルの、ジョージ・ガモフの自伝なのである。ガモフがその自伝の中で伝えるところによれば、アインシュタインが彼にそう語ったというのだ。

ガモフは膨張宇宙と原子核物理学の知識とを組み合わせて、火の玉宇宙としてのビッグバンを提唱した優れた物理学者であるが、それと同時に、面白おかしく話を誇張するという性癖でも知られている。そのガモフが、等価原理(重力と慣性による力は同等であるとする、一般相対性理論につながる重要なアイディア)についてアインシュタインが述べた《わが人生最高のアイディア》(der glücklichste Gedanke meines Lebens)という言葉をもじって話を膨らませたというのは、十分ありうる話だろう。アインシュタインがビッグバン・モデルの唱道者であるガモフに対し、どういうつもりで何語で何を言ったのかは、永遠に藪の中と言わなければならない。

## 空間そのものが記述の対象に

いずれにせよ、アインシュタインは「膨張する宇宙を静止させておくために」λ項を導入したのではなかった。この話がこれほどまでに広く流布し、ポピュラーサイエンスの書き手たちが――その中には第一級の物理学者も多く含まれている――繰り返し再生産していることを「スキャンダル」と呼んだとしても、それほど大袈裟ではないかもしれない。

しかし裏を返してみれば、この「アインシュタインのλ」の一件は、現代の宇宙論にとって、膨張宇宙の発見がどれほど重要なことだったかを証言しているともいえよう。

考えてもみてほしい。空間は長らく、いわば黒子のような存在だった。アリストテレスは、自然は真空を嫌うと言った。古代の原子論者にとっても、離合集散を繰り返す原子が主役なのであって、空間はあくまでもその背景にすぎなかった。近代の巨人ニュートンにとって、絶対空間と絶対時間は、ものごとが起こるための舞台だった。ニュートンの宇宙では、神が介入しなければ重力崩壊が起こるとはいっても、空間に散在している物質が一ヵ所に寄り集まったところで、空間にとっては痛くも痒くもなかったのである。

空間は物理学者が記述するべき対象ではなく、単にものごとが起こるための背景や舞台だったのだ。

ところが一般相対性理論では、空間そのものが物理学者の記述の対象となる。このことを、「空間の所属が、数学から物理学に変わった」と言ってもいいかもしれない。

一九二〇年代にハッブルやその他の天文学者による膨張宇宙の発見は、数学から物理学への所属変更が、単なる名義上のものでないことを見せつける出来事だった。かくして一九三〇年代にパラダイムが転換し、それ以前のパラダイムの中での問題意識は見えにくくなってしまったのではないだろうか。

もはやアルキュタスのパラドックスも、ニュートンによる神の存在証明も、歴史のモヤの中にかすんでしまい、目の前にぶら下がったのは、「なぜアインシュタインほどの人が膨張宇宙に気づかなかったのだろう？　それに気づいていれば、空前絶後の理論的勝利だったのに」という、新しいパラダイムの中での疑問だけになってしまったのだろう。

そして物理学者たちは想像を膨らませて、「きっとアインシュタインは、変化する宇宙に気づいていたにちがいない。しかしさすがの彼も、宇宙は静的でなければならないという偏見にとらわれていたせいで、それを拒否したのだろう」という答えを導き出して、自らを納得させたのではないだろうか。λをめぐる「アインシュタインのエピソード」は、膨張し変化する宇宙へのパラダイム転換の落とし子と言えるかもしれない。

## λはぴったりゼロのはずだ

ともかくも、観測により膨張宇宙が裏づけられると、アインシュタインはλをゼロにした。そしてそれ以降、この分野の理論物理学者はほとんど全員、λはゼロだと決め込んだ。

重力場方程式の中のλには、空間そのものがもつエネルギーという意味がある。そしてλが正の値なら、斥力的な重力——反重力——のように作用する。つまり正のλは、銀河同士を引き離すように働くのである。天文学者はおおむね（ド・ジッターがそうだったように）、現実の宇宙の状態に照らしてλは限りなくゼロに近いと予想されるが、精密に測定してみなければなんとも言えないというスタンスだったようである。

しかし理論物理学者は、λはゼロに近いのではなく、ぴったりゼロのはずだと考えた。なにしろλはゼロだとアインシュタインが判断したわけだし（彼は重力場方程式の中でふたたびλをゼロにした）、場の量子論を使って計算される真空のエネルギーは、ゼロになるはずだったからである——計算すると無限大だが、それは絶対におかしいので、なんらかのメカニズムが働いて、正しくはゼロにちがいないと考えられていたのだった。

そうこうするうちに、二十世紀も押し詰まった一九九八年のこと、超新星という特殊なタイプの天体を観測していた天文学者の二つのグループが、膨張は加速しているという結果を相次いで報告した。膨張が加速しているということは、外向きに空間を押し出すような作用が存在していることをほのめかす。それは、ゼロではないλが観測されたというのと、実質的に同じことなのである。

物理学者はこの観測結果を衝撃をもって受け止めた。はじめ理論家たちは、「λがゼロでないなんて、そんなことはありえない。たぶんデータ処理に何かミスがあるのだろう」と考えたが、観測結果にまちがいはなさそうだった。そうなってはじめて、物理学者たちの目から鱗が落ちた——「なぜ自分は今の今まで、λはゼロだと決め込んでいたのだろう」と。

たとえば、ポルチンスキーという著名なひも理論家は、「λがゼロでないという観測結果が出たら、自分は物理学をやめる」と言っていたそうだ。しかしそのポルチンスキーも目から鱗が落ちたらしく、前言を撤回し、今も活発な研究を行っている。

## 人間原理の考え方で予想が的中

少し時間を前に戻し、膨張が加速しているという観測結果が出る前のこと。場の量子論で真空のエネルギーをゼロにするメカニズムが見つからないことを深刻に受け止めていた人物のひとりに、スティーヴン・ワインバーグがいた。

ワインバーグは、素粒子物理学の標準モデルへの貢献でノーベル賞を受賞した物理学者で、この分野の第一人者である。

一九八七年、悩み抜いたワインバーグは発想を変えてみた。真空のエネルギーの値は、ひょっとすると物理的な理由ではなく、何か別の理由で決まっているのではないだろうか？　たとえば、自分という人間が現に存在していることと矛盾しないためには、宇宙の真空エネルギーはどんな値でなければならないだろうか？　つまりワインバーグは、藁《わら》にもすがる思いで、人間原理の考え方を使ってみたのである。

真空のエネルギーがゼロでないとすると、物と物とを引き離すように作用する。したがって、もしも真空のエネルギーが非常に大きければ、われわれの体もバラバラに引き裂かれてしまうだろう。しかし、ワインバーグが調べてみると、物質を構成する原子や分子をバラバラに引き離し、われわれが存在できなくなるようにする真空エネルギーの値は、相当大きくなければならないことがわかったのである。つまり、われわれの存在と矛盾しないという条件からは、真空エネルギーが非常に小さいという結果は導けないということだ。

しかしワインバーグは食い下がり、現在の宇宙ではなく、宇宙の初期に目を向けた。なるほど今日の宇宙なら、真空エネルギーがかなり大きくても、われわれの存在と矛盾しないかもしれない。しかし、宇宙が誕生してまもない時期ならどうだろうか?
そのころの宇宙にはまだ何の構造もなく、十万分の一ほどの温度ゆらぎがあるだけだった。それはちょうど、深さ千メートルの海域の水面に、わずか一センチメートルの小さなさざ波が立っているようなものだ。遠くから眺めれば、海面はほとんど鏡のように見えるだろう。この場合、深さ千メートル分の膨大な量の海水は問題にならず、高さ一センチメートルの小さなさざ波だけが重要になる。その小さなさざ波が、重力による構造形成の種になるのである。そんな初期宇宙で、もしも真空エネルギーの密度がゼロでなかったとしたら?

ワインバーグがその点を詳しく調べてみると、今日の宇宙なら何の影響もないほど小さな真空エネルギーでも、初期宇宙でならば、重力による宇宙の構造形成を妨げ、結果として銀河も太陽も、地球も形成されず、われわれも存在できなくなることがわかったのである。つまり、われわれが存在しているという現実と矛盾しないためには、真空エネルギーは相当小さくなくてはならないということだ。

しかしその一方で、人間原理の考え方に従うかぎり、真空のエネルギーが、ぴったりゼロという特殊な値になるべき理由はない。さらに言えば、われわれの存在と矛盾しないという条件から要請されるレベル以上に、ゼロに近いと考える理由もないはずだ。そう推論したワインバーグは次の結果を導き出した。

「もしも人間原理の考え方が有効なら、宇宙の真空エネルギー（宇宙定数λ）の正確な観測値は、$10^{-120}$より、それほど大きくも小さくもない値になるだろう」

それから十年後、先述の超新星の観測結果から引き出されたλの値は、まさにワインバーグが予想した通りのものだった――百二十桁もゼロが続いた末に、どういうわけかゼロではなく、有限な値が現れたのである。

いったいなぜ、真空のエネルギーはそんな微妙な値なのだろうか？　なぜきれいさっぱりゼロにならないのだろう？

ワインバーグの論法によれば、その理由は、「われわれの存在と矛盾しないために」だった。つまり、人間原理のアプローチが、観測結果に支持された格好になったのである。それはひとつの事件であり、これをきっかけに、人間原理も悪くないかもしれないと考える物理学者が増えはじめた。

ちなみに、ワインバーグは人間原理がとくに好きだったわけではない。それどころか、宗教的な匂いがするといって嫌っていたほどだった。λに関する予測をしてからでさえ、彼はつぎのように述べている。

「わたしはこの（真空エネルギーに関する）予測が、はずれてほしいと願っている。ひも理論が、真空エネルギーはゼロであること、そしてそれ以外の可能性はないということを、きっぱりと証明してくれることを期待している」。

しかし超新星に関する観測から、自分の予測が当たってしまったことが示されると、ワインバーグも人間原理にはある種の有効性があることを認めるようになった。

こうして二十世紀の末に、人間原理をめぐる風向きは変わりはじめた。だが、百二十桁でもまだ足りない、という人たちもいた。このケースでは「われわれの存在と矛盾しない」という人間原理の要請から導かれた結果と、観測結果がたまたま合っていたというだけのことであって、いつかは純粋に物理的な理由から、λの値が説明できるようになるかもしれないと、慎重な態度を崩さない人たちは少なくなかったのである。

しかしいっそう大きな転換点となる出来事が、思いもよらない方面からやって来た。もともとは究極理論の候補として、宇宙はこのような宇宙でしかありえなかったことを最終的に説明してくれると期待されていたはずの「ひも理論」が、人間原理を支持することになったのである。

## 3　ひも理論が導いた無数の可能性

### ひも理論の魅力

さきほど述べたように、素粒子物理学の標準理論は、真空のエネルギーが無限大になってしまうという途方もない問題を含むことを別にしても、二つの問題を抱えている。ひとつは、重力を取り込めていないこと、そしてもうひとつは、素粒子の質量や、力の強さといった基本的な量を導き出すことができず、実験データをインプットしていることである。

そんな標準モデルの難点を克服する、いわゆる「究極理論」の有力候補と目されているものに、ひも（ストリング）理論がある。

ひも理論では、大きさのない点状粒子の代わりに、ひものような（つまり一次元の）エネルギーが、基本構成要素になる。そのひものサイズは、桁はずれに小さいので（原子核が$10^{-8}$センチ程度なのに対し、$10^{-33}$センチ程度）、今日ある加速器では、ひもを見ることはできないし、おそらく将来にわたり、ひもそのものを見ることはできないだろう。

そんな小さなひもがピクピクと動き回るときの運動状態のちがいとして、標準モデルの表に載っているすべての粒子を説明できるのではないか——質量をはじめ、粒子のさまざまな性質に対し、実験からもらってきた値をインプットするのではなく、その値を理論的にはじき出すことができるのではないか——という可能性をもっていることが、ひも理論の第一の魅力である。

もうひとつ、ひも理論の大きな魅力は、重力が初めから理論の中に取り込まれているようにみえることだ。重力場の粒子（キャッチボールのように受け渡しされることで、重力を伝える粒子）、「重力子」らしき性質をもつひもの状態が、最初から理論に含まれていたのである。標準理論にどうしても取り込めなかった重力が、最初から理論に組み込まれているというのは、物理学者にとっては大きな魅力になるのである。

要するに、ひも理論は、四つの力すべてを、「ひも」という一種類のものだけで記述し、しかも実験から値をもらってこなくとも、あらゆる粒子の性質を説明できる可能性をもっているということだ。もしもそれが説明できれば、宇宙はなぜこのような宇宙なのかを、ひも理論は説明できるということになる。

アインシュタインは、「自分が本当に知りたいのは、宇宙にはこれ以外のありようがあったのかということだ」と述べた。物理学者は長らく、その疑問に対する答えは、「ノー」

だと考えていた。つまり、「宇宙は、ある必然性があってこのような宇宙になっている」のであり、さまざまな定数の値が、ほかのどの値でもなく、この値でなければならないことを示してくれる理論が、いつかきっとみつかるはずだと考えていたのである。それこそが、すべてを説明する理論——究極理論とか最終理論と呼ばれるもの——を追い求める動機だった。

**宇宙には無数の可能性がある？**

ところが、ひも理論の研究が進むうちに、宇宙には別のありようもあるのかもしれないという可能性が浮かび上がってきたのである。

その可能性は、ひも理論が記述する宇宙の空間次元と関係している。ひも理論がうまくいくためには、空間次元は三次元ではなく、九次元（後には十次元に増えた）でなければならない。だが、その増えた六次元はどこにあるのだろう？　現実の宇宙にそんな次元があるようには見えない。

そこで、「ひも理論は現実の宇宙とは関係のない、数学的な「おもちゃ」のモデルにすぎないのでは？」という疑いが生まれた。空間次元の数さえも現実と合わないのでは、理論としてお話にならないからだ。しかし、もしも増えた次元が小さく丸まっていて、実験では検出できないのだとすれば問題はない。

　重要なのは、その増えた次元がどんなふうに丸まっているかによって、宇宙の性質がちがってくるということだ。普通の三次元空間に二次元が付け加わった場合を考えてみよう。付け加わった二つの次元の丸まり方はたくさんあり、図5－4は、ほんの一例にすぎない。この場合、ドーナツの穴があるのかないのか、あるとしてもいくつあるのかによって——二つなのか三つなのか、もっとたくさんなのかによって——宇宙の性質がちがってくるのである。

**図5-4　見えない次元はどんなふうに小さく丸まっているのだろう？**

　たった二次元増えただけでもさまざまな可能性が生じるのだから、七次元も増えるとなれば、いったいどれだけ複雑なことになるか想像もつかないほどだ。そんなわけで、ひも理論によれば、われわれの宇宙はこのような宇宙でしかありえないどころか、宇宙にはたくさんの可能性がある、という話になりそうだった。

　この宇宙がこのような宇宙である必然性を示すことができず、ほかの可能性も出てきてしまうというのは、究極理論としては非常に困ったことであるはずだったが、ひも理論研究者たちは楽観的だった。いつかきっと、たくさんある宇宙の青写真の中から、この宇宙に対応するものが見つかり、その青写真が選ばれて、その他の青写真が捨てられた理由がわかるだろうと考えていたからである。

ところが研究が進むにつれ、青写真はどんどん増えていくばかりだった。やがて、「はたしてひも理論は、これほどたくさんの青写真の中から、この宇宙の青写真を見つけることができるのだろうか？」という疑問が生まれた。そうこうするうちに青写真は百万種類にも増え、ひも理論は、当初喧伝されたようなシンプルかつエレガントな理論どころか、複雑怪奇なモンスターになり下がったと悪口を叩かれる始末だった。

**宇宙はシンプルでもエレガントでもない**

ついに二〇〇〇年のこと、ひも理論から出てくる青写真の種類は、$10^{500}$を下らないことが示された。これはもう、事実上、無限ともいえる、途方もなく大きな数である。

唯一無二の宇宙を描き出すはずの理論が、宇宙にはほとんど無限の可能性があることを示したのである。ひも理論の研究者は、この結果にがっかりするのが筋だったかもしれない。

ところが、その悪い知らせを聞いて、ついにこのときがきた、とばかりに喜んだ人物がいた。ひも理論の提唱者のひとりであり、この分野の研究をリードしてきた、レナード・サスキンドというカリスマ的な物理学者である。サスキンドは、ここで発想を逆転させた。

サスキンドの考えは次のようなものだった。

そもそもこの宇宙は、ほんとうにシンプルかつエレガントなのだろうか？　とてもそうとは思えない。図5－2（199ページ）に見るように、粒子の質量はバラバラで何の規則性もなさそうに見えるし、力の強さもいい加減に決まっているとしか思えない。さまざまな物理定数は、行き当たりばったりのような不規則な値をとっているではないか。いったいこんな宇宙のどこが、シンプルかつエレガントだというのだろう？

この世界はシンプルかつエレガントだ――表面的にはどうであれ、本質的にはそうでなければならない――というのは、二十世紀物理学を支配した思想だった。しかし、そう考える根拠は、はたしてどれぐらいあったのだろうか？

素粒子物理学の標準モデルは、この世界をみごとに説明するという意味で――シンプルかどうかはともかく――エレガントで美しい理論だといってよい。その美しさはオートクチュールのドレスのようなものだ。実験と理論が、車の両輪となって進んできたプロセスは、何度も仮縫いをして仕上げた職人技のドレスのように、この宇宙にぴったりとフィットしている。

しかし、ひも理論はそうではない、というのがサスキンドの考えだった。ひも理論が描き出す世界はオートクチュールのドレスではなく、ありとあらゆる服が$10^{500}$通りも取り揃えられた、壮大な既製服倉庫に似ている。$10^{500}$という数は大きすぎてピンとこないかもしれないが（数学的に厳密な意味での無限とは違うが、日常的な感覚で言えばかぎりなく無限に近い）、それだけの種類があれば、複雑なこの宇宙にぴったり合う服もあるだろう。

じつはサスキンドはしばらく前から、ひょっとすると人間原理は、宇宙を理解するための重要な鍵を握っているのではないかと感じていたのだった。しかし、ひも理論から出てくる青写真が、たった百万種類程度しかないうちは、「たくさんある中に、たまたまぴったりの宇宙があったのだ」という論法をとるには、まだ足りない――その論法は、まだ安直だ――と彼は考えた。在庫のバリエーションが少なければ、あつらえたような服は見つからないだろうからだ。

ワインバーグの$\lambda$に関する予測がみごとに的中したときも、サスキンドは、まだ人間原理を信用してなかった。月と太陽の視直径がだいたい同じというぐらいでは、コインシデンスとはいえなかったのと同じように、百二十桁まで人間原理を使った推論でうまくいったからと言って、それぐらいではまだ、この宇宙にぴったりの青写真があるという保証に

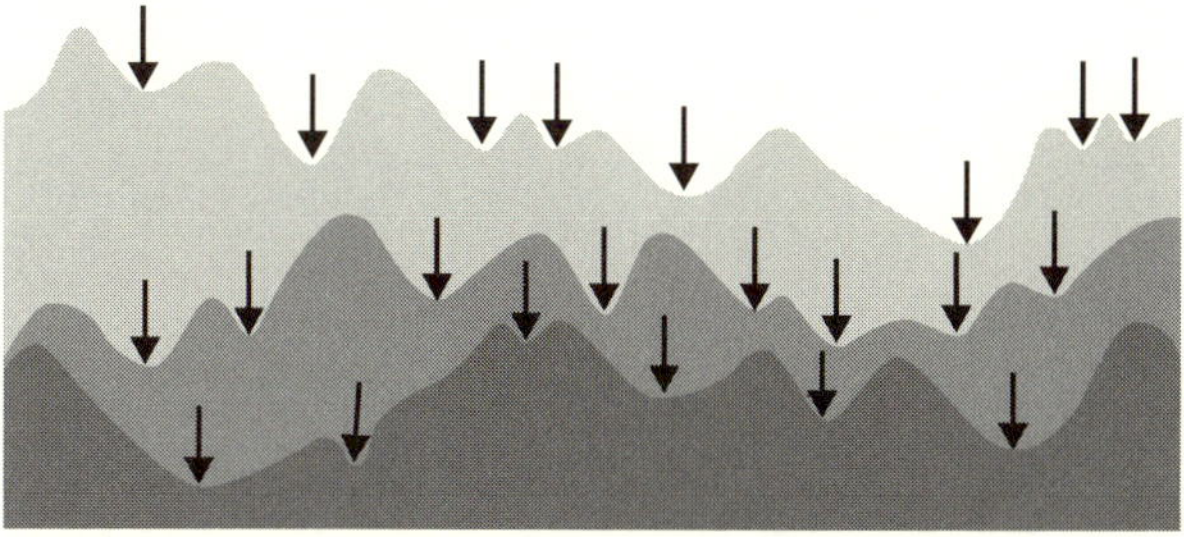

図5-5　海抜は真空エネルギーに対応する。谷間にあたる場所（矢印部分）に宇宙が生まれる。われわれの宇宙は海抜ゼロにきわめて近いが、ゼロではない。

はならないと思ったからである。

　しかし青写真の種類が$10^{500}$通りもあるとなって、それだけあれば十分だ、とサスキンドは腹をくくった。宇宙は（古典的なイメージでざっくり説明するなら）、図5－5のような山あり谷ありの「風景」（ランドスケープ）の中をボールのように転がりながら、谷の部分に落ち着く。その谷が宇宙の青写真だ。そして――ここがポイントなのだが――青写真がほとんど無数にあるということは、強い人間原理が、怪しげな目的論から、単なる観測選択効果になるということを意味するのである。

　サスキンドはこのランドスケープの多宇宙ヴィジョンを、「人間原理のひもランドスケープ（Anthropic String Landscape）」と名付けた。物理学者に忌み嫌われていたA-Word（Anthropic）をあえて組み入れるところに、サスキンドが人間原理の問題提起――「宇宙がこのような宇宙である理由を、人間を抜きにして説明することができるのだろうか？」——をまっ正面から受け止めていたことがうかがえる。

もちろん、ひも理論が正しい理論だと決まったわけではないし、理論から導き出される青写真に対応して、リアルな宇宙が存在するという保証があるわけでもない。そしてリアルな宇宙がたくさん存在するのでなければ、宇宙がこのような宇宙であることに対し、観測選択効果による説明はできない。

それでも、インフレーション・モデルとひも理論という、ウロボロスの頭と尻尾の両端から、それぞれに多宇宙ヴィジョンが出てきたことは、人間原理の意味を考えるうえで非常に示唆的だった。

さらに言えば、本書では取り上げなかったけれども、やはりひも理論から出てきた「ブレーン・ワールド・シナリオ」というアプローチでも、本書の中で名前だけは取り上げた「エクピュロティック宇宙論（サイクリック宇宙論とも呼ばれる）」でも、もはや多宇宙ヴィジョンは当然の前提となっている。

今日、宇宙の理論に関する限り、多宇宙ヴィジョンはほとんどデフォルトなのである。

# 終　章　グレーの階調の中の科学

## 三たび拡大する宇宙観

二十世紀のなかばに登場したときには、すわ目的論の復活か⁉　とばかり、物理学者の警戒心をかき立てた人間原理だったが、二十一世紀に入るころから、むしろ目的論とは真逆の意味をはらんでいることがわかってきた。

その転回点となったのは、「宇宙はわれわれの宇宙だけではなく、さまざまな宇宙が無数に存在する」という多宇宙ヴィジョンの登場である。

というのは、もしもさまざまな宇宙が無数に存在するのなら、われわれは無数にある宇宙の中で、たまたま自分たちが存在できるような宇宙に存在しているだけ、ということになるからだ。そうだとすれば、人間はこの宇宙の中で特権的な位置にあるどころか、ありがちな思考の罠にはまり、われわれの宇宙は唯一無二であり、宇宙はこのようなものでしかありえないという、自己中心的な解釈をしていたことになる。

もちろんこの宇宙には、われわれ人間にとって特別な意味がある。地球も、太陽系も、銀河系も唯一無二のものであり、ほかには代えようがない――もしもほかの環境だったなら、われわれはそもそも存在していなかっただろう。

しかし、われわれにとって特別な宇宙だからといって、宇宙はこうでしかありえないと結論するのは、どう見ても論理の飛躍だろう。ローカルな環境のことを少しばかり知っただけで、それが可能性のすべてだと考えたのでは、自己中心的な思い込みと言われても仕方ない——けだし人間というものは、どこまでも自己中心的なものなのかもしれない。

近年このような反省が、物理学者のあいだに広がっているようにみえる。「宇宙論は環境科学になった」といった言葉も折に触れて見聞きするようになった。環境科学になったと表現してみることで、宇宙論に起こりつつあるパラダイム転換の性格を捉えようとしているのだろう。じっさい、「すべてを含むひとつのもの」だったはずの「宇宙（ユニバース）」が、ローカルな「環境」にすぎなかったとなれば、それはまさしく宇宙観の革命的転換である。

しかし、その新しい宇宙観を、どう受け止めればよいのだろうか？「人間原理のひもランドスケープ」を提唱したレナード・サスキンドは、「多宇宙（マルチバース）」より、「巨大宇宙（メガバース）」と呼ぶほうがいいだろうと言っている。たしかに図4−6（185ページ）を眺めていると、「宇宙が多数ある」というより、「巨大な宇宙の中にさまざまな地域がある」と表現するほうが自然な感じがしてくる。

もちろん、泡宇宙のひとつひとつは、空間の次元すらも異なるような異世界かもしれない。しかし、あまり堅苦しく考えることはない、とサスキンドは言う。それはちょうど、

MRIの検査を受けている人のまわりでは磁場の強さがちがうように、ところによって物理量の値がちがうというだけのことなのだから、と。

メガバースは途方もなく広い。しかし二十世紀には、やはり革命的な宇宙観の拡大が二度起こっているのだった。最初のものは、一九三〇年代に起こった単一銀河説から多数銀河説への拡大である。それまで宇宙の中の「星の領域」は、われわれの太陽を含むものただひとつだけだと考えられていた（単一銀河説）。

しかし観測技術が大きく向上したおかげで、夜空にぼんやりと広がって見える星雲は、じつはわれわれの銀河系の境界のはるかかなたにある、別の銀河であることが明らかになった。今日では、われわれの太陽が属する銀河系のほかに、何千億個もの銀河が広大な宇宙空間に散らばっているということは、ほとんど常識のようになっている。

二十世紀に起こった二つ目の宇宙観の拡大は、一九八〇年代初めのインフレーション・モデルが登場したときに起こった。それまでの標準的なビッグバン・モデルでは、図3－2（133ページ）のように宇宙が膨張することになっていたのに対し、インフレーション・モデルでは、図4－3（175ページ）のように、ほんの一瞬のうちに曾呂利新左衛門も仰天するほどの膨張が起こり、宇宙は想像を絶するほど拡大したのだった。今日では、この広大な宇宙を描き出す「ビッグバン＋インフレーション」モデルは、多くの証拠に支えられた、宇宙論の標準モデルとなっている。

そして今、またしても宇宙は大きく拡大しようとしているようにみえる。このたびの拡大は、単一の宇宙（ユニバース）から多宇宙（マルチバース）への——あるいはサスキンドの言葉を使うならメガバースへの——拡大である。

第4章で見たように、インフレーション・モデルからは、図4-6のような多宇宙ヴィジョンが自然に出てくるのだった。それはウロボロスの尻尾から出てきたヴィジョンといえよう。

またその一方で、第5章で述べたように、ミクロなスケールの物理理論として登場したひも理論からも、ひもランドスケープという多宇宙ヴィジョンが出てきた（229ページの図5-5）。こちらはウロボロスの頭から出てきたヴィジョンといえる。

尻尾と頭から出てきたこれら二つのヴィジョンは、異なるスケールの世界を扱おうとする別々の理論から出てきたものであって、直接結びつくわけではないけれども、「宇宙はこのような宇宙でしかありえない」という暗黙の前提の妥当性を強く疑わせるのである。

もしも大きな宇宙の中にさまざまな環境の地域があるのだとすれば、「強い人間原理」もまた「弱い人間原理」と同様、ただの観測選択効果になってしまう。「宇宙はなぜこのような宇宙なのか」という問いに対する答えは、「われわれは存在可能な宇宙に存在しているだけであって、この宇宙がこのような宇宙なのはたまたまである」、ということになりそうなのである。

かくして人間原理をめぐる問題は大きく変質した。もはや「目的論を受け入れるかどうか」は争点ではない。今日、人間原理をめぐる論争の真の争点は、「多宇宙ヴィジョンは科学なのか」ということなのである。


**多宇宙ヴィジョンは科学ではない？**


多宇宙ヴィジョンは科学ではないと考える人たちの最大の論拠は、ほかの宇宙を直接的に観測することは、未来永劫けっしてできないという点にある。

今後どれほど強力な望遠鏡が建設されようとも、われわれに観測できるのは、図4－6の小さな黒丸の部分だけであって、そこから先は永遠に手が届かない。その意味で、ほかの宇宙は、われわれとは切り離されている。見ることも触ることもできないものの存在に頼って、この宇宙の性質を説明しようとするのは、観測と実験にもとづく科学の方法とは言えないのではないだろうか？　というのである。

もちろん、観測や実験は科学の根幹である――その点に異論を唱える科学者はいない。しかしその一方で、科学の理論には、直接的には観測できないものがしばしば登場するのも事実なのである。

その代表的な例が、長きにわたり原理的にも観測できないと考えられていた原子だろう。前章で述べたように、原子は実在しないという意見は、二十世紀に入っても有力だった。しかし、一九〇五年にアインシュタインがブラウン運動について理論的な予測をし、ジャン・ペランがその予測の正しさを精密な実験で証明したことにより、原子の実在性は広く認められるようになった。

クォークをめぐっても同様の経緯があった。クォーク・モデルの提唱者であるマレー・ゲルマンは、当初、クォークは数学的構築物であって実在物ではないと考えていたのだった。しかしその後、クォークもまた原子と同様、分厚い証拠に支えられて実在性を認められ、今では科学的な知識の体系にしっかりと組み込まれている。

もうひとつ例をあげれば、宇宙の中でもっとも奇怪な天体と言えるブラックホールも、実在性を認められるまでには長い時間がかかった。ブラックホールは非常に強い重力場をもつため、ある境界線の内側からは光さえも脱出することができない。したがって、ブラックホールの内部のようすを直接的に知ることはできそうにない。そんなわけで、ブラックホールは数式の上では存在しても、物理的実在物ではないという意見が、長らく支配的だったのである。

しかし今日では、直接的には観測されていないものの、信頼性の高いさまざまな証拠に支えられて、ブラックホールの実在性はほぼ確実とみられている。それどころか、大きなもの（超大質量ブラックホール）から、小さなもの（ミニブラックホール）まで、ブラックホールは現代物理学の中で多彩な役割を演じており、宇宙を理解するための重要な鍵のひとつとなっているのである。

物理学者は学生のころから、数式をいじって出てきた結果を鵜呑みにせず、その物理的意味をしっかり考えるという態度を叩き込まれる。そんなわけで、数学的な理論から導き出されたものに対しては、物理学者はちょっと意外なほど慎重なところがある。

もちろん、理論から出てきたものに対して慎重なのは健全な態度というべきだろう。しかし、物理学の歴史を振り返ってみれば、物理学者よりも自然のほうが大胆だったということが、たびたび起こったのも事実なのである。物理学者が「単なる数学だ」と言ってしりぞけた奇想天外なアイディアを、自然がちゃっかり採用しているということが度重なったのだ。スティーヴン・ワインバーグは、そんな物理学者たちの過度の慎重さに警鐘を鳴らして、「物理学者は理論を信じすぎるのではない。信じ方が足りないのだ」と述べた。

もちろん、今後、「ビッグバン＋インフレーション」モデルを超える理論が登場するかもしれないし、ひも理論が正しいという保証があるわけでもない。ワインバーグにしても、ひも理論を信じなさい、などと言っているのではない。ただ、理論がどれぐらい信用できそうかに応じて、そこから出てくることも——たとえそれがどれほど直観に反していても——まじめに受け止めてみなければならない、と言っているのである。

その忠告に耳を貸すなら、多宇宙ヴィジョンをはなから相手にしないというわけにはいかないだろう。なにしろ、(カーターの言葉を借りれば)「コンベンショナル」だと言えそうな理論からは、のきなみ多宇宙ヴィジョンが出てくるのだから。

**人間原理は敗北主義か?**

人間原理は「敗北主義」だという人たちもいる。もちろん、目的論を受け入れるのは科学にとって敗北だろう。しかし、実質的には多宇宙ヴィジョンと同じになった人間原理のどこが敗北主義なのだろうか?

それが敗北主義と見なされるのは、物理定数が今のような値になっているのは、本質的に「たまたま」だ、ということになってしまうからである。そして、(アリストテレスの「自然は真空を嫌う」をもじって言うなら)、物理学者はたまたまを嫌う。というのも、近代科学の歴史には、「たまたま○○だったのだ」と言って通り過ぎてしまわず、「なぜ○○なのか」を明らかにしようと立ち止まってとことん粘り抜き、突破口を切り開いてきたという誇るべき先例がつらなっているからだ。

その伝統を踏まえるなら、宇宙の物理定数は「たまたま」その値になっているのだ、などと言ってすませるのは、科学者としての矜持にかかわることなのである。

基本粒子や力の性質を「たまたま」に頼らずに説明すること、そしていつの日か最終理論が完成した暁には、宇宙はこうでしかありえなかったことが証明できるはずだし、証明できなければならない、という思いが、二十世紀のほとんどを通じて物理学者を駆り立ててきたのだった。してみれば、「無数の宇宙の中には、たまたまこんな宇宙もあったということだ」と言ってすませるわけにはいかない、という気持ちはよくわかる。

しかしこれに関しては、科学の歴史上に特異な光を放つ教訓があることを忘れてはならない。

一五九五年のこと、いち早くコペルニクスの学説を受け入れていたケプラーは、なぜ惑星は六つあるのか（水金地火木土）、そしてなぜそれぞれの惑星軌道はこのような大きさなのかという深い問いに対し、このうえなく美しくエレガントな答えを得た、と考えた。古来あまねく知られた五つの正多面体、いわゆる「プラトンの立体」と、それらに接する球を組み合わせることにより、みごとそれらの値を説明することができたのである。

ケプラーはこう述べた。地球の軌道は、すべての軌道の尺度である。これに正十二面体を外接させれば、その立体を取り囲む球が、火星の軌道となるだろう。火星の軌道に正四面体を外接させれば、その立体を取り囲む球が、木星の軌道となるだろう。木星の軌道に立方体を外接させれば、その立体を取り囲む球は、土星の軌道となるだろう。また、地球の軌道に正二十四面体を内接させれば、その立体に内接する球は金星の軌道となるだろう。金星の軌道に正八面体を内接させれば、その立体に内接する球が水星の軌道となるだろう。

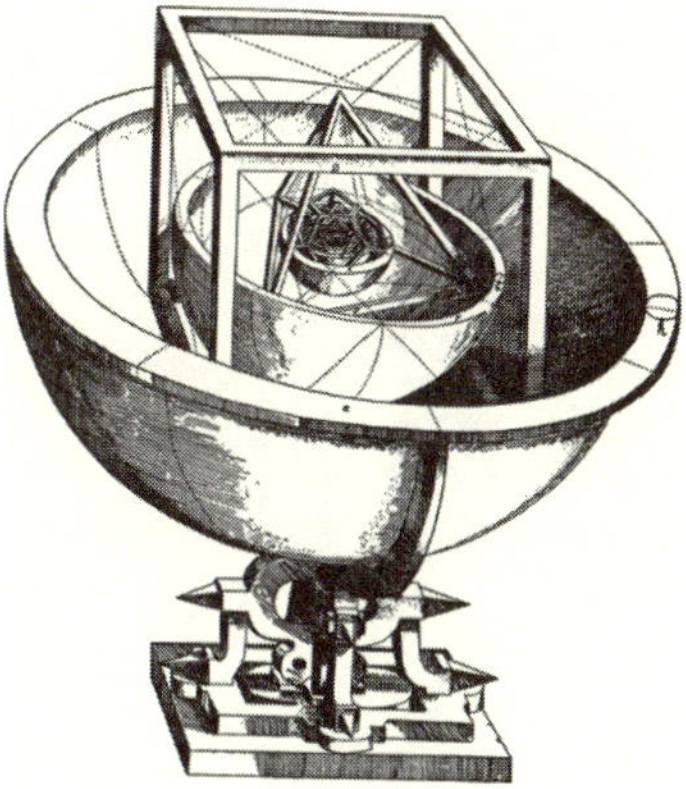

図6-1　ケプラーの太陽系モデル

かくしてケプラーは、当時としてはかなり正確な太陽系のモデルを作り上げたのだった（図6－1）。

このモデルの深い美しさには、今日なお心を惹かれるという人は科学者の中にもいる。しかしたいていの人たちはこのモデルを見て、どうしてケプラーはこんな奇っ怪なものを丹念に作り込んだのだろうと、不思議に思うのではないだろうか。そう思うのも無理はない。なぜならケプラーの与えた答えは、すでに存在しなくなった問いに対する答えだからである。

ケプラーにとって、惑星の数とそれらの軌道の大きさは、至高の幾何学者である神が計り定めたものだった。その神の方法を知ることが、ケプラーの望みだったのである。

しかし今日のわれわれは、惑星の数も（そもそもそれは六つではない）、それぞれの軌道の大きさも、たまたまそのような値になっただけだということを知っている。

同様に、素粒子の質量がなぜこのような値なのか、基本的な力の強さやその他もろもろの物理定数の値が、なぜこのような値なのかを問い、それに答えてくれる理論を探し続けることは、もしもそれらの値がたまたま決まったものならば、まさしくケプラーの轍《てつ》を踏むことになるのである。

さらに言えば、今日の多宇宙ヴィジョンにもとづく観測選択効果は、素朴な「たまたま」とはずいぶんちがっている。ひもランドスケープの例からもわかるように、この場合の「たまたま」は、必ずしも理論のお手上げ状態を意味しないのである。

むしろ、宇宙の青写真はたくさんありうるということ、そして——ここが重要なのだが——それらの背景には共通する基礎理論があり、さまざまな宇宙の性質を具体的に調べることさえできそうだというのは、敗北どころか大きな進展といえるのではないだろうか？

なにより、「宇宙はこのような宇宙でしかありえなかったのだろうか？」という深い問いに対して、「さまざまな宇宙が無数にありうるというのが、理論的にはもはやデフォルトです」と答えられるとしたら、それは驚くべき宇宙観の転換だろう。

もしもアインシュタインがその返答を聞いたとしたら、きっと大きな目をさらに見開いて、「それはすごいね」と言うだろう。

第1章では、コペルニクスは人間を宇宙の辺境に追いやったのではなく、《知ることの断念》に対し、断固異議を唱えたのだという話をした。それとの類比で言えば、図4-6（185ページ）の小さな黒丸の領域の外は知りえないと決めてかかってしまうことは、プトレマイオスの二世界論にちょっと似ているかもしれない——プトレマイオスによれば、月より上の世界はけっして知りえないのだった。

たとえ直接的な観察はできないとしても、大きなスケールでの宇宙を視野に入れれば、われわれのローカルな宇宙についての知識にも質的変化が起こらずにはすまないだろう——たとえば、すべての物理定数の値が、いつかは究極理論から唯一の可能性としてはじき出せるはずだという信念が問い直されているように。

ローカルな宇宙環境の中で、基礎理論を検証しようと努めることで（たとえばひも理論なら、四次元目以上の空間次元が小さく丸まっているという間接的証拠を摑むことができれば）、その基礎理論の信憑性を高めることもできよう。また、われわれの宇宙の外側に別の宇宙が存在するなら、たとえば重力を介して、その影響がわれわれの宇宙の中で観測できる可能性もあるだろう。こうした探究の道は平坦ではないかもしれないが、多宇宙ヴィジョンを受け入れた物理学者たちは、現にあの手この手で検証の可能性を探りはじめているのである。

わたし自身について言えば、ＣＯＢＥの結果が発表されたときに覚えた、「これ（宇宙誕生）が一度きりの出来事であるはずがない」という感覚は、その後一度も薄れたことがない。むしろ、「なぜ、この宇宙だけだと思い込んでいたのだろう？」と不思議な気がするほどだ。わたしはこの宇宙の唯一性を、もはや信じる気にはなれないのである。

## 人間原理は具体的な予測をしない？

もうひとつ、「人間原理はなんら具体的な予測をしないではないか」という批判がある。根拠のあやふやな議論で物理量の値を絞り込むファイン・チューニングのやり方は、そのままでは通用しなくなっている。そうなると、たとえば基本的な力の強さはこれこれであるとか、ニュートリノの質量はこれこれであるなどと、具体的な数値をはじきだすことができず、それゆえ検証可能な予測をすることができない人間原理は科学ではない、という考え方が出てくるのも無理はないだろう。

しかし、これに関してひとつはっきりさせておかなければならないのは、人間原理は何か具体的な予測をすべき理論ではないということだ。インフレーション理論にせよ、ひも理論にせよ、個々の理論は具体的な予測をし、それを検証にかけることができなければならない。しかし人間原理は、「宇宙はこのような宇宙でしかありえない」という暗黙の前提を疑う、いわばカウンターの役割を果たす指導原理のようなものであって、数値をはじき出すべき理論ではないのである。

具体的な数値をはじき出さない人間原理など、何の役にも立たないと思うかもしれない。しかし科学には、その時代その時代に、大きな考え方の枠組みとしての指導原理があるのだということも、けっして軽んじてはならない点だろう。その観点から言えば、人間原理は具体的な予測をしないという批判は、ちょっと的外れだと言わなければならない。

## グレーの階調の中の科学

それでも、「ほかの宇宙などという、永遠に手の届きそうにないものを持ち出すのは科学的とは言えないのでは?」と、納得のいかない人もいるだろう。「いつかは白黒ハッキリさせられるのが科学というものだろう」と。

しかし、本当にそうなのだろうか? 本当に科学は、白黒はっきりさせられるものなのだろうか？

わたしはその考えに懐疑的である。というのも、科学においては、何かが絶対に白であることを保証してくれるような、疑うべからざる真理——宗教なら啓示に相当するようなもの——は存在しないからである。

どこまでいっても白黒確定せず、それぞれの結果はどの程度信用できるのか、どんな根拠に裏づけられているのかと、たえず足元を確認し続けなければならないのが科学なのだと思う。その意味で、科学はつねにグレーの階調の中にあると言えよう。むしろ、足元を確かめながら知識を更新していけることこそが、科学の本領であり、強みなのではないだろうか。

原子やクォークやブラックホールの実在性は、今ではほとんど白に近いといえる。それにくらべると多宇宙ヴィジョンは、はるかにグレーの色味が濃い。それでも多宇宙ヴィジョンはすでに、更新可能な科学的知識という領域の中に入り込んでいるように思われるのである。

人間原理は、目的論という怪しすぎる衣をまとって登場した。しかしそれを言うなら、コペルニクスは目的論と人間中心主義を唱えながら、かの地動説を提唱したのだった。カルターもまた、観測者や認識といった、当時ファッショナブルだったキーワードをちりばめながら、この宇宙はなぜこのような宇宙なのかという深い問題に、一石を投じる論文を書いたということだ。

つまるところ、人は誰しも、自分が生きる時代の文化と手を切ることはできない。科学者とて、それに関してはほかのどの分野の人たちともなんら変わるところはない。それどころか、もしも科学者が時代と完全に切り離されていたとしたら、まともな仕事はできないだろう。科学者はその時代その時代に、今、何が重要な問題なのだろうかと知恵を絞り、手持ちの道具を使って、目の前の問題に立ち向かうしかないのだから。

後世から見れば的外れだったり、トンデモだったりするような問題意識に駆り立てられていたとしても、それぞれの時代の深い問題に立ち向かうことで、科学者は知識の更新に貢献することができる。過去の巨人たちがどんな色眼鏡をかけていたとしても、続く世代の科学者たちはその肩の上に立ち上がり、新たな眼差しで少し遠くまで見ることができるのである——現代の科学者たちもまた、この時代に特有な色眼鏡をかけているにしても。

二十世紀の物理学はめざましい進歩を遂げた。それだけに、いつかは（ひょっとするとそれほど遠くない将来に）あらゆることに白黒つけられるのではないかという意識が、全員とはいわずとも多くの物理学者の心に生まれたのは事実である。しかし、その考えはちょっと性急すぎたのではないだろうか？

宗教的真理とは異なり、科学的知識は永遠に白黒確定することはないのかもしれない。むしろ永遠にグレーの階調の中にあるからこそ、科学的知識は深まり、広がるのではないだろうか。

今われわれは多宇宙ヴィジョンを目の前にして、そのことを再認識するよう迫られているように見える。宇宙を知ろうとすることは、きっと途方もない野望なのだろう。そして人間は、どこまでも人間中心の視点をまぬがれないだろう。

しかし、永遠にグレーの階調の中にあり、つねになんらかの色眼鏡をかけているとしても、それでもわれわれはここまで来ることができたし、さらに遠くを見ることは、きっとできると思うのである。

# あとがき

まえがきで述べたように、人間原理に対するわたしの態度は、マーティン・リースの『宇宙の素顔』を翻訳するなかで変わった。それまで毛嫌いしていた人間原理に、むしろ興味がわいてきたのである。

そしてリースの本が刊行されてまもなく、講談社現代新書の編集者、川治豊成氏が電話をくださり、「青木さん、人間原理で本を書きましょう!」とおっしゃったのである。その唐突でストレートな提案に面くらいながらも、「面白そう、やってみたい」と、自分でも意外なほど前向きな気持ちになり、即座にお引き受けしたのが二〇〇三年のことだった。

しかし、日々コツコツと翻訳に取り組むという、長年続けてきた仕事のスタイルはそう簡単に変えられるはずもなく、実質的にはほとんど何も進まないまま、五年という時間が過ぎていった。やがて二〇〇八年になり川治氏から、「青木さん、そろそろ書きましょう」と声掛けをいただいた。そうだ、そろそろ書こう、と執筆に取りかかったものの、ああでもないこうでもないと切り口を模索するうちに、さらに数年が過ぎていった。結局、「人間原理で本を書く」という目標を掲げてから、こうして刊行にこぎつけるまでに、なんと十年の歳月が流れたことになる。

しかし、この十年がなかったなら、本書のトーンはだいぶちがったものになっていただろう。というのも、まさにその十年間に、人間原理をめぐる情勢が大きく動いたからである。もしも「人間原理で本を書く」という課題を掲げて、アンテナを立てた状態でこの時期を過ごさなかったら、わたしはその変化——それをパラダイムの転換と呼ぶことは、けっして大げさではないだろう——を見逃してしまっていたかもしれない。

歴史を振り返ってみると、パラダイムの転換が起こっているさなかには、トンデモ学説が登場し、それに対する批判の嵐が吹き荒れているように見えることがある。

たとえば、アイザック・ニュートンの重力理論、いわゆる「万有引力の法則」が登場したときもそうだった。万有引力は、離れたところにある物体同士が瞬時に力を及ぼし合うという、魔術のような「遠隔作用」だったため、力は直接接触することによって作用するという「近接作用」の観点からすれば（それは今なお真っ当な観点である）、トンデモ学説とみなされたのは当然のことだったろう。じっさい、ライプニッツをはじめ少なからぬ知識人は、万有引力はオカルトだとして厳しく批判したのである。

二十世紀前半にビッグバン・モデルが登場したときも、すわ、キリスト教の逆襲かとばかりに激しく反発されたし、二十世紀後半になって登場した人間原理もまた、目的論を復活させるものだとして、口にするもおぞましいA-Wordとされたのだった。

しかしこの十年間に人間原理をめぐる風向きは変わった。人間原理に込められた問題意識が明らかになり、多宇宙が理論のデフォルトになるにつれて、物理学者たちは——ある者は思い切りよく、またある者はためらいがちに——「宇宙はなぜこのような宇宙なのか」という、深くて重大な問いに対する答えを変えはじめたのである。

二十世紀の物理学者は、「われわれはすべてを説明してくれる理論を鋭意探究中である。いつかはきっとそんな理論がみつかるだろう。それも、もしかするとそれほど遠くない将来に……」と答えていたのだった。だが二十一世紀に入った今、その同じ問いに対し、「いろいろな可能性があるなかで、宇宙はたまたまこのような宇宙だったのかもしれない」と答える者が増えているのである。

もちろん、今も少なからぬ物理学者は、たまたまと言わずにこの宇宙のいっさいを説明するという希望を捨てていない。しかし、その希望の根拠が疑われはじめているのも確かなのである。

もしも百年後の人びとが振り返ってみたとすれば、われわれの生きるこの時代を、宇宙像に大きなパラダイムの転換が起こった時期と位置づけるにちがいない。われわれは幸運にも、まさにその変化の現場に立ち会っている。すべてが終わってから整理された結果だけを示されるのとは異なり、変化のさなかの情景は、知識の更新がどんなふうに起こるのかをドラマチックに見せてくれる。
その知のドラマを楽しんでいただけたなら、著者として嬉しく思う。

二〇一三年六月

青木薫

講談社現代新書　2219

宇宙《うちゅう》はなぜこのような宇宙《うちゅう》なのか――人間原理《にんげんげんり》と宇宙論《うちゅうろん》

二〇一三年七月二〇日第一刷発行　二〇二二年二月一八日第六刷発行

著者　青木《あおき》 薫《かおる》

発行者　鈴木章一

発行所　株式会社講談社

東京都文京区音羽二丁目一二―二一　郵便番号一一二―八〇〇一

電話　〇三―五三九五―三五二一　編集（現代新書）

〇三―五三九五―四四一五　販売

〇三―五三九五―三六一五　業務

装幀者　中島英樹

印刷所　豊国印刷株式会社

製本所　株式会社国宝社

定価はカバーに表示してあります　Printed in Japan


N.D.C. 421　254p　18cm

ISBN978-4-06-288219-4

## 「講談社現代新書」の刊行にあたって

教養は万人が身をもって養い創造すべきものであって、一部の専門家の占有物として、ただ一方的に人々の手もとに配布され伝達されうるものではありません。

しかし、不幸にしてわが国の現状では、教養の重要な養いとなるべき書物は、ほとんど講壇からの天下りや単なる解説に終始し、知識技術を真剣に希求する青少年・学生・一般民衆の根本的な疑問や興味は、けっして十分に答えられ、解きほぐされ、手引きされることがありません。万人の内奥から発した真正の教養への芽ばえが、こうして放置され、むなしく滅びさる運命にゆだねられているのです。

このことは、中・高校だけで教育をおわる人々の成長をはばんでいるだけでなく、大学に進んだり、インテリと目されたりする人々の精神力の健康さえもむしばみ、わが国の文化の実質をまことに脆弱なものにしています。単なる博識以上の根強い思索力・判断力、および確かな技術にささえられた教養を必要とする日本の将来にとって、これは真剣に憂慮されなければならない事態であるといわなければなりません。

わたしたちの「講談社現代新書」は、この事態の克服を意図して計画されたものです。これによってわたしたちは、講壇からの天下りでもなく、単なる解説書でもない、もっぱら万人の魂に生ずる初発的かつ根本的な問題をとらえ、掘り起こし、手引きし、しかも最新の知識への展望を万人に確立させる書物を、新しく世の中に送り出したいと念願しています。

わたしたちは、創業以来民衆を対象とする啓蒙の仕事に専心してきた講談社にとって、これこそもっともふさわしい課題であり、伝統ある出版社としての義務でもあると考えているのです。

一九六四年四月　野間省一